高等院校艺术设计类专业
"十三五"案例式规划教材

AutoCAD
施工图实例教程

■ 主编 曹凯

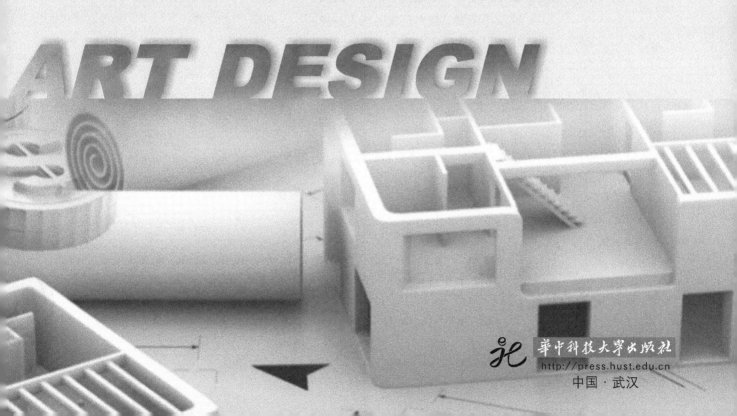

ART DESIGN

华中科技大学出版社
http://press.hust.edu.cn
中国·武汉

图书在版编目（CIP）数据

AutoCAD 施工图实例教程 / 曹凯主编 . —武汉：华中科技大学出版社，2018.8（2025.2重印）

高等院校艺术设计类专业"十三五"案例式规划教材

ISBN 978-7-5680-3680-1

Ⅰ.① A… Ⅱ.①曹… Ⅲ.①建筑制图 - 计算机辅助设计 -AutoCAD 软件 - 高等学校 - 教材 Ⅳ.① TU204

中国版本图书馆 CIP 数据核字（2018）第 172434 号

AutoCAD 施工图实例教程

AutoCAD Shigongtu Shili Jiaocheng

曹 凯 主编

策划编辑：金 紫

责任编辑：陈 骏

封面设计：原色设计

责任校对：刘 竣

责任监印：朱 玢

出版发行：华中科技大学出版社（中国·武汉）　　电话：（027）81321913

　　　　　武汉市东湖新技术开发区华工科技园　　邮编：430223

录　　排：华中科技大学惠友文印中心

印　　刷：武汉邮科印务有限公司

开　　本：889mm×1194mm　1/16

印　　张：13.5

字　　数：312 千字

版　　次：2025年2月第1版第3次印刷

定　　价：45.00 元

编 委 会

前言
Preface

　　近年来，计算机辅助设计在设计行业中已经得到了广泛的应用。计算机逐渐取代了画笔，成为设计师手中不可或缺的工具。计算机凭借其强大的功能，可以淋漓尽致地表达设计师的设计理念，开拓设计师的思维空间，从而使设计成果更趋完善。由计算机辅助工具制作的平面方案、三维效果图以及施工图均获得广泛的应用。

　　AutoCAD 是由美国 Autodesk 公司开发的通用计算机辅助设计（computer aided design，简称 CAD）软件，它绘图速度快、精度高。目前运用于机械、建筑、电子、航天、商业等各个领域。尤其在建筑工程领域中，AutoCAD 计算机辅助绘图与设计的广泛应用，提高了设计效率和设计质量，减少了人工绘图的失误。

　　本书结合多所高校的教育实践，在 AutoCAD 旧版本基础上增加了 AutoCAD 2017 的新功能和加强功能，有针对性地介绍和讲解该软件的功能和特性，着重讲解如何利用该软件解决典型的应用问题。本书以零基础讲解为宗旨，用实例引导读者学习，深入浅出地介绍了 AutoCAD 2017 的相关知识和应用方法。本书主要用作高等院校建筑和艺术设计类专业的教材，也可供相关技术人员参考和使用。

编　者

2018 年 5 月

目录
Contents

第1章
概　述

1.1　建筑设计基本理论

1.1.1　什么是建筑及建筑设计

建筑是建筑物与构筑物的总称，是人们为了满足社会生活需要，利用所掌握的物质技术手段，并运用一定的科学规律、风水理念和美学法则创造的人工环境。如图 1-1 所示。

图 1-1　建筑物

建筑设计是指建筑物在建造之前，设计者根据建设需要，将施工过程和使用过程中所存在的或可能发生的问题，事先作好通盘的设想，拟定好解决这些问题的办法、方案，用图纸和文件表达出来，作为备料、施工组织工作和各工种在制作、建造工作中互相配合协作的共同依据。因此整个工程得以在预定的投资限额内，按照预定方案顺利开展施工活动，并使建成的建筑物充分满足使用者和社会所期望的各种要求。

建筑分为建筑物与构筑物，建筑物是为了满足社会的需求，利用不同的材料以及技术，在科学规律与美学法则的指导下，通过对空间的限定，组织、创造的人为的社会生活环境，人们习惯上也将建筑物称为建筑。构筑物是指一般不直接在内进行人类生产和生活的建筑，如桥梁、堤坝、水塔、水池等。

1.1.2 建筑的常用分类

1. 按使用功能分类

居住建筑：指人们生活起居用的建筑物，如别墅、公寓、宿舍等。

公共建筑：除居家外，供人们开展社会活动的建筑物，如学校、医院、公园、酒店、展馆、演出场所等。

2. 按建筑物楼层数量分类

按楼层数量分类：一层至三层为低层建筑；四层至六层为多层建筑；七层至九层为中高层建筑；十层及十层以上为高层建筑。

按楼层高度分类：高度低于 24m 者为单层或多层建筑；高度大于 24m、低于 100m 为高层建筑；高度大于 100m 为超高层建筑。

1.1.3 建筑的基本要素

建筑物构成的基本要素可分为建筑功能、物质技术条件和建筑形象。

1. 建筑功能

建筑功能通常是指建筑物的使用要求与空间。建筑物可能无法满足所有用户的使用需求，所以需要设计人员进行合理的功能分区。

空间设计是在功能分区时对单一空间、多重空间以及建筑空间进行分类设计。单一空间设计，重点考量空间大小、空间形状、空间条件（如温度、湿度）三方面。多重空间应重点处理好各个空间之间的衔接关系，即处理好多个单一空间的组合关系。建筑空间主要指使用部分、辅助使用部分和交通联系部分。在这三部分之中，首先保证主要使用空间的大小、朝向、位置的合理性，其次，辅助部分和交通空间要与主要使用空间保持良好的比例和位置关系。

2. 物质技术

物质技术是建筑房屋的手段，包括建筑材料技术、结构技术、施工技术、设备技术等。形象一点讲，材料是建筑物的肌肉，结构是建筑物的骨架，施工技术是建筑物的灵魂，设备是建筑物的内脏。

3. 建筑形象

构成建筑形象的因素包括建筑的形体、内外部空间的组合、细部与重点装饰处理、材料的质感与色彩、光影变化等。

建筑的形象设计往往要体现建筑物的功能，比如幼儿园建筑应具有活泼可爱的特点，法院和银行建筑物应该体现庄严、肃穆等。

形象设计必然与美学有关，美学法则在建筑上同样适用。其应用主要包括变化统一、均衡、比例、尺度、对比等。

（1）变化统一。

变化统一是美学的基本法则，其他法则均属局部法则。变化过多将导致设计杂乱无章，过分统一则显得呆板，处理好两者之间的关系才能更好地表现建筑作品。变化与统一是形式美的总法则，是对立统一规律在建筑设计上的应用。两者的完美结合是建筑设计的基本要求，也是使建筑物具有艺术表现力的因素之一。如图 1-2 所示。

图 1-2　变化统一

（2）均衡。

均衡是人在视觉上的一种心理感受，均衡的状态令观赏者感到平和、稳定。均衡是指建筑形态前后左右之间相对轻重的关系。

均衡分为对称均衡和不对称均衡，对称平衡是最基本、最简单的均衡，如图 1-3 所示。

图 1-3　对称均衡

（3）比例。

比例是指建筑物长、宽、高之间的比例关系，"黄金比例"分割数值是 0.618∶1。在实际创作中，比例和谐更多的是一种心理感受，而不是机械的数据，所以设计者应该活学活用。如图 1-4 所示。

图 1-4　良好的比例

（4）尺度。

尺度是一个数值概念，是指建筑物整体形态与局部给人感觉上的大小与真实大小之间的关系。尺度分为三种类型：自然的尺度、夸张的尺度和亲切的尺度。如图 1-5 所示，为夸张的尺度。

图 1-5　夸张的尺度

（5）对比。

对比是指两个建筑物通过相互衬托，使其形、色更加鲜明，给人以强烈的感受，留下深刻印象。在建筑设计中恰当地运用对比是取得统一与变化的有效手段，如图 1-6 所示。

图 1-6 强烈的视觉对比

1.2 什么是室内设计

1.2.1 室内设计的定义

随着社会经济的不断发展，室内设计已经成为与人们日常生活最为密切的行业之一，高品质的室内设计对人的感受及心态都会产生影响，越来越多的人开始高度重视设计。纵观我国住宅建设的现状，"建筑与室内一体化设计"是解决我国当前住宅产业中所存在的问题的设计手法之一，它的核心思想是室内设计应具有整体设计观，将建筑设计与室内设计贯穿于整个设计流程中，让两者相互贯通。室内设计根据满足人们物质和精神生活需要的室内环境来制定相应标准，创造功能齐全、舒适的环境。室内空间环境既具有使用价值，也能满足相应的功能要求，同时也反映了历史文化、建筑风格和环境氛围等诸多因素。

室内空间供人们长时间生活、活动，因此，室内设计又称室内环境设计，它直接影响人与环境的关系。从宏观来看，室内设计往往能从一个侧面反映相应时期的物质和精神生活等特征。室内设计总是具有时代的烙印，犹如一部内容丰富的史书，这是因为不管从设计构造、施工技术还是装修风格、装饰材料到内部设施，室内设计都必然符合相应时期生产水平和生活状况。总体来说，在室内空间构造、平面布局和装饰装修等方面，室内设计与当时的哲学思想、美学观点、社会经济和民俗民风等密切相关。从设计角度来看，室内设计与设计者的专业能力和文化艺术素养等密切联系，以至于各个单项设计实施后，其最终展示效果与该项工程具体的功能、材料、工艺、造价、审美形式、艺术风格、设施配置情况以及与业主的协调关系密切相关。

将"创造满足人们物质和精神生活需要的室内环境"作为室内设计的目的，室内设计具有关键环节的决定意义，能够为人们的生产生活创造美好的室内环境。

1.2.2 室内设计基本理念

室内设计的任务是创造一个既符合生产和生活物质功能要求，又满足人们生理、心理需求的室内环境，设计者应综合运用技术手段，考虑周围环境因素的作用，充分利用有利条件，积极发挥创作思维。

室内设计是根据建筑物的性质、环境和相应标准，运用物质材料创造功能合理、舒适优美、满足人们物质和精神生活需要的室内环境。从广义上说，室内设计的目的是创造一个服务于社会生活、家庭生活的建筑内部空间环境，其基本特点是满足人际活动的需要，重视环境美学与人的心理需求相结合。室内设计不仅需要满足人们的生理、心理的需求，还需要结合地方环境、人际交往等多项关系，在为人服务的前提下，综合解决使用功能、经济效益、舒适美观和环境氛围等问题。

室内设计的立意、构思、风格和环境氛围的创造，需要从环境的整体、文化特征以及建筑物的功能特点等多个方面进行考虑。从概念上来理解，现代室内设计是环境设计系列的"链中一环"，如果仅是"关起门来做设计"容易使创作的室内设计缺乏深度，没有内涵。当然，使用性质不同、功能特点各异的设计任务，对环境系列中各项内容联系的紧密程度也相应有所不同。日本著名设计大师隈研吾提出：设计的形式存在可以看作是为了控制不断扩张、不断膨胀的现实世界而出现并发展起来的。当然，这里所说的"世界"指人造世界，换言之，是相对于自然而言的、充满人工点缀的都市。如果"人造世界"很小，人们可以住洞穴，也可以住树洞，但随着"人造世界"的不断扩大，具有圈地功能的室内和建筑才能满足人们的需求。

1.2.3 室内设计基本要素及特点

1. 空间要素

空间的合理化并给人们以美的感受是设计的基本任务。要勇于对时代、技术赋于空间的新形象进行创新，不要拘泥于陈旧的空间形象。

2. 色彩要求

室内色彩除对视觉环境产生影响外，还直接影响人们的情绪、心理。科学地用色有利于人们的工作需求和健康。色彩处理得当既能符合功能要求又能取得美的效果。室内色彩除了必须遵守一般的色彩规律外，还应随着时代审美观的变化而有所不同。

3. 光影要求

人类喜爱大自然的美景，常常把阳光直接引入室内，特别是顶光和柔和的散射光，以消除室内的黑暗感和封闭感，使室内空间更为亲切自然。光影的变换使室内空间更加丰富多彩，给人以多种感受。

4. 变化要素

室内空间中不可缺少的建筑构件，如柱子、墙面等，需要结合功能加以装饰，可构成完美的室内环境。充分利用不同装饰材料的质地特征，可以获得千变万化、不同风格的室内艺术效果，同时还能体现地区的历史文化特征。家具、地毯、窗帘等均为生活必需品，其造型往往具有陈设特征，大多数起着装饰作用。实用和装饰二者应互相协调，求得功能和形式的统一，使室内空间舒适得体、富有个性。

5. 绿化要素

绿化已成为改善室内环境的重要手段。利用绿色植物和小品沟通室内外环境、扩大室内空间感及美化空间，对室内环境的营造起着积极作用。

1.2.4 室内设计的分类及流派

室内设计，是一门实用艺术，也是一门综合性科学。其包含的内容同传统意义上的室内装饰相比较，更加丰富、深入，主要涉及界面空间形状、尺寸，室内的声、光、电和热的物理环境，以及室内的空气环境等客观环境因素。对于从事室内设计的人员来说，不仅要掌握室内环境的诸多客观因素，更要全面的了解和把握室内设计的以下具体内容。

1. 室内设计的分类

（1）从室内的角度进行分类。

①从室内空间形象设计。室内设计决定空间的尺度与比例以及空间与空间之间的衔接、对比和统一等关系。

②室内装饰装修设计。室内装饰装修设计是指在建筑物室内进行规划和设计的过程中，针对室内的空间规划，组织并创造出合理的功能空间，根据人们对建筑使用功能的要求，对室内平面功能进行分析和有效的布置，对地面、墙面、顶棚等各界面线形和装饰设计进行实体与半实体的建筑结构的设计处理。

以上两点，主要是围绕建筑构造进行设计，以满足人们在使用空间中的基本需求。

③室内物理环境设计。在室内空间中，设计者还要充分地考虑采光、通风、照明和音质效果等方面的因素，并充分协调室内环控、水电等设备的安装，使其布局合理。

④室内陈设艺术设计。室内陈设艺术设计主要是指家具、灯具、陈设艺术品以及绿化等的规划和处理。其目的是使人们在室内环境中工作、生活、休息时感到心情愉快、舒畅，并满足人们心理和生理上的各种需求，起到柔化室内人工环境的作用，在高速度、高信息的现代社会生活中使人心理平衡稳定。

简而言之，室内设计就是为了满足人们生活、工作和休息的需要，为了提高室内空间的生理和生活环境质量，对建筑物内部的实质环境和非实质环境的规划和布置。

（2）从建筑的角度进行分类。

室内设计的形态范畴还可以从不同的角度进行界定、划分。从与建筑设计的类同性上，一般分为居住建筑室内设计、公共建筑室内设计、工业建筑室内设计和农业建筑室内设计四大类。

①居住建筑室内设计。居住建筑室内设计与普通老百姓密切相关，一般指普通的住宅、公寓、别墅。该类型是室内设计发展的一个重要推动力。

②公共建筑室内设计。公共建筑指人流量较大、具有公共使用功能的场所。比如医院、学校、宾馆、酒店、超市等。该类型的室内设计一般规模较大、施工周期较长。

③工业建筑室内设计。工业建筑指人们从事工业生产活动的建筑物，比如工业厂房，还包括其宿舍、食堂、管理楼等。该类型的室内设计一般不会太铺展，毕竟不是常住，因此，设计比较简单，施工周期也较短。

④农业建筑室内设计。农业建筑指农业发展的配套设施，比如牧场、养殖场等。该类型的室内设计比较简单，主要注重实用功能。

针对以上室内设计的类型，虽然风格和使用材料等不同，但是还是会有一些相同功能的室内空间，比如客厅、卫生间、中庭等。这些都需要根据具体情况具体分析，由于建筑类型和使用功能的不同，所以室内设计的侧重点也不一样。

2. 室内设计的流派

"流派"指室内设计的艺术派别。从现代室内设计所表现的艺术特点分为高技派、光亮派、白色派、新洛可可派、超现实派、解构主义派以及装饰艺术派等。

（1）高技派（重技派）。

高技派又称重技派，崇尚机械美，突出当代工业技术成就，并在建筑形体和室内环境设计中暴露梁板、网架等结构构件以及风管、线缆等各种设备和管道，强调工艺技术与时代感。高技派典型的实例为法国巴黎蓬皮杜国家艺术与文化中心、香港中国银行等。

（2）光亮派。

光亮派也称银色派，突出展示新型材料及现代加工工艺的精密细致及光亮效果。室内设计中往往采用大量镜面及平曲面玻璃、不锈钢、磨光的花岗石和大理石等作为装饰面材。在室内环境的照明方面，常使用折射、反射等各类新型光源和灯具，在金属和镜面材料的烘托下，形成光彩照人、绚丽夺目的室内环境。

（3）白色派。

白色派的室内环境朴实无华，室内空间中各界面以至家具等常以白色为基调，简洁明确，例如美国建筑师理查德·迈耶设计的史密斯住宅及其室内。白色派的室内设计并不仅仅停留在简化装饰、选用白色等表面处理上，而是具有更为深层的构思内涵，设计师在设计过程中，综合考虑了室内活动的人以及透过门窗可见的、变化着的室外景物。由此，从某种意义上讲，室内环境只是一种活动场所的"背景"，从而在装饰造型和用色上不作过多渲染。

（4）新洛可可派。

洛可可原为 18 世纪盛行于欧洲宫廷的一种建筑装饰风格，以精细轻巧和繁复的雕饰为特征，新洛可可派继承了洛可可繁复的装饰特点，但装饰造型的"载体"和加工技术却运用现代新型装饰材料和现代工艺手段，从而具有华丽而略显浪漫、传统中仍不失时代气息的装饰特点。

（5）风格派。

风格派是 20 世纪 20 年代的以荷兰画家波埃·蒙德里安等为代表的艺术流派，强调"纯造型的表现"、"从传统及个性崇拜的约束下解放艺术"。风格派认为："把生活环境抽象化，这对人们的生活就是一种真实。"室内装饰和家具设计经常采用几何形体以及红、黄、青三原色，间或以黑、灰、白等色彩相配置。风格派的室内空间在色彩及造型方面具有极为鲜明的特征与个性。建筑设计与室内设计常以几何方块为基础，采用内部空间与外部空间穿插构成为一体的手法，并以屋顶、墙面的凹凸和强烈的色彩对块体进行强调。

（6）超现实派。

超现实派追求超越现实的艺术效果，在室内布置中常采用异常的空间组织、曲面或弧线的界面、浓重的色彩、变幻莫测的光影、造型奇特的家具与设备，有时还以现代绘画或雕塑来烘托超现实的室内环境气氛。超现实派的室内环境较为适应具有特殊要求的视觉形象，如某些展示或娱乐的室内空间。

（7）解构主义派。

解构主义是 20 世纪 60 年代以法国哲学家雅克·德里达为代表所提出的哲学观念，是对 20 世纪前期欧美盛行的结构主义和传统理论思想的质疑和批判。建筑设计和室内设计中的解构主义派对传统古典、构图规律等均采取否定的态度，强调不受历史文化和传统理性的约束。解构主义派是一种貌似结构构成解体、突破传统形式构图、用材粗放的流派。

（8）装饰艺术派或称艺术装饰派。

装饰艺术派起源于 20 世纪 20 年代法国巴黎召开的一次装饰艺术与现代工业国际博览会，后传至美国等各地，如美国早期兴建的一些摩天楼即采用这一流派的设计手法。装饰艺术派善于运用多层次的几何线型及图案，重点装饰于建筑内外门窗线脚、檐口及建筑腰线、顶角线等部位。上海早年建造的老锦江宾馆及和平饭店等建筑的内外装饰，均为装饰艺术派的设计手法。近年来一些宾馆和大型商场的室内设计出于时代气息和建筑文化内涵的考虑，常在现代风格的基础上，在建筑细部饰以装饰艺术派的图案和纹样。

从工业社会逐渐向后工业社会或信息社会过渡的时候，人们对自身周围环境的需要除了能满足使用要求、物质功能之外，更注重对环境氛围、文化内涵、艺术质量等精神功能的需求。不同艺术风格和室内设计流派的产生、发展和变换，是建筑艺术历史文脉的延续和发展，具有深刻的社会发展历史和文化内涵，同时也必将极大地丰富人们的精神生活。

1.2.5 室内设计的基本原则与方法

人们的日常活动几乎都是在室内空间进行，可见室内空间的设计效果影响着人们的物质和文化生活。无论起居、交往、工作、学习等，都需要一个适合的室内空间。而为了满足人的基本空间要求，室内空间不只要为人们提供不同类型的、固定的、半固定的和可变动的室内空间环境，而且环境中还要有足够的标识，有形、色、材、光、声、味的变化。人们需要一个健康、舒适、愉悦和富有文化品位的室内环境，室内空间的象征和表现作用折射出了人们的精神文明和高度的文化发展。

1. 室内设计的基本原则

（1）室内设计要满足使用要求。

室内装饰设计是在满足人们在室内进行生产、工作、生活、休息以及工作要求的基础上，为人们创造出更舒适、更美好的室内空间环境。可见，在进行室内装饰设计时，要在满足室内使用要求的前提下进行，使室内空间变得更科学、合理及舒适；同时还要重视人们活动与空间的关系，充分考虑空间比例的协调，空间布局应有所主次，因为空间的大小、尺度会形成不同效果，产生不同气氛，以影响人的心理感受，所以设计时要考虑主次；还要考虑室内的家具和陈设等要素，正确地处理室内的通风条件，并且重视室内的采光、照明及色彩设计工作，使室内空间给人呈现一种的美的感受。

（2）室内设计要满足精神要求。

在进行室内装饰设计时，还需要考虑到人们的精神需求，如室内设计对人的感染力及带给人们的心理感受，也可以说是美观诉求。室内装饰设计要达到满足人们情感需求的要求，甚至能够对人们的意志和行动产生一定的影响，这就要求设计对人们的情感、认知特征、意志、认知规律以及人与环境的相互作用等进行深入的研究和分析。在此基础上，设计者便可以应用不同的手段和方法对室内空间进行装饰设计，例如各种不同的装饰、组合方式都会给人带来不同的印象感觉，这就要求设计师根据业主的性格特征、爱好习惯、人文素质、宗教信仰、家庭构成情况来进行硬装设计、软装陈设等。如果室内装饰设计能够将设计者的构思和意境淋漓尽致地表达出来，那么，室内空间将具有较强的艺术感染力，能够更好地满足人们的精神需求。

2. 室内设计的基本方法

地面、顶面以及墙面共同构成了室内空间，同时也确定了室内空间的大小和形状。对固定的空间进行设计，有助于使室内格局变得更加舒适、适用以及美观。对室内的地面和墙面进行装饰设计可以增强家具、陈设的美感，对顶面进行设计可以使室内空间极具变化性。

（1）地面装饰设计。

地面装饰在整个室内装饰中具有十分重要的地位，因为人们进入室内看到地面的部分比较多，并且地面和人们眼睛的距离比较近。装饰地面需要遵循以下原则。

①地面装饰和整体环境要保持协调性，能够互相衬托。

②合理选择地面的图案、色彩。

③充分考虑地面的结构、施工及物理性能等情况。

（2）墙面装饰设计。

墙面在室内装饰设计中占据着十分重要的地位，因为墙面是人们接触比较多的部分，并且和人的视角呈 90°。在对墙面进行设计时，首先要注意整体性，墙面是室内的一部分，在对其进行装饰时需要将地面和顶面保持协调一致，使墙面装饰设计和整体室内空间成为一个统一的整体。墙面具有保暖、防火以及隔声等物理性能，因为房间的性质不同，对墙面的物理性能要求具有一定的差异性。例如，对宾馆和客房墙面物理性能的要求就比较高，而对普通食堂墙面的物理性能要求较低。还应注意艺术性，对墙面进行装饰设计有助于美化和渲染室内环境，因为墙面的图案设计、质感以及形状和室内的氛围具有十分密切的关系，为了使室内空间更具有艺术效果，提高墙面本身的艺术性具有重要作用。为了满足墙面对艺术性的要求，可以选择卷材装饰、贴面装饰、抹灰装饰以及涂刷装饰等多种装饰形式。就卷材装饰来说，在工业发展迅速的今天，卷材的样式逐渐增多，如人造革、墙布、皮革以及塑料墙纸等，这些材料具有使用范围广、质感较好、色彩品种多、价格低廉等特点，装饰效果比较好，是室内装饰设计中常用的材料。

（3）顶面装饰。

顶面装饰在室内装饰中具有重要地位。顶面装饰具有变化性强、透视感好以及关注度高等特点。在顶面设计造型独特的灯具可以增加空间的装饰效果，使顶面造型新颖独特、绚烂多姿。

1.3 建筑设计表现方法

1.3.1 手绘建筑图

建筑设计图纸对于工程建设至关重要，因为只有把设计师的意图转化为图纸形式才能让施工人员进行施工，如图 1-7 所示。

在计算机尚未普及之前，绘制建筑设计图纸的主要方式是手工绘制。手工绘制的特点是自然、有趣味性。但是其最大的缺点是反复性不强，当图纸审核以后需要改动时，手工图纸因其涂改性差很难改动。

1.2.2 计算机辅助制图

计算机辅助设计（computer aided design，即 CAD），指利用计算机及其图形设备帮助设计人员进行设计工作。

AutoCAD 是美国 Autodesk 欧特克公司于 20 世纪 80 年代初开发的绘图程序软件包，经过不断完善，现已成为国际上最为流行的绘图工具之一。AutoCAD 具有友好的用户界面，通过交互菜单或命令行方式便可以进行各种操作。它的多文档设计环境让非计算机专业人员也能很快学会使用，在不断实践的过程中更好地掌握它的各种应用和开发技巧，从而提高工作效率。AutoCAD 具有广泛的适应性，它可以在各种操作系统支持的微型计算机和工作站上运行。AutoCAD 2017 开启界面如图 1-8 所示。

图 1-7　手绘建筑图

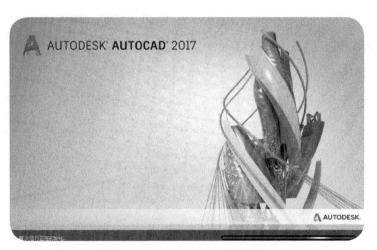

图 1-8　AutoCAD 2017 开启界面

1.4　建筑制图的基本知识

1.4.1　建筑制图概述

建筑制图是为建筑设计服务的，因此，在建筑设计的不同阶段，要绘制不同内容的设计图。在建筑设计的方案设计阶段和初步设计阶段绘制初步设计图，在技术设计阶段绘制技术设计图，在施工图设计阶段绘制施工图。

想要画出完整、规范的建筑设计施工图，设计师不仅需要对建筑构造的组成和制图技法熟练掌握，还要掌握国际标准的规范，加强对建筑制图的理解。

建筑物虽然千变万化，在使用功能、结构形式、规模大小上各有特点，但构成建筑物的主要部分都是相同的。对于一般的民用建筑而言，通常都由基础、墙体或柱子、楼板、楼梯、屋顶和门窗等六大部分组成。此外还包含台阶、坡道、阳台、雨棚、排烟道等次要组成部分。

1. 基础

基础是房屋的重要组成部分，是建筑地面以下的承重构件，应具备安全、强度高、硬度高的特点。基础承接建筑物结构传递下来的全部荷载，并把这些荷载连同本身自重一起传到地基上，起"承上启下"作用。

基础的形式往往与基础所用材料的力学性能相关。基础主要有以下两种分类。

（1）按材料和受力分类。

①无筋扩展基础。

无筋扩展基础是基础的一种做法，指由砖、毛石、混凝土或毛石混凝土、灰土和三合土等材料组成的墙下条形基础或柱下独立基础。无筋扩展基础适用于多层民用建筑和轻型厂房，且不需配置钢筋的墙下条形基础或柱下独立基础。

②扩展基础。

用钢筋混凝土建造的基础抗弯能力强，不受刚性角限制，将上部结构传来的荷载向侧边扩展到一定的底面积上，使作用在基底的压力等于或小于地基土允许的承载力，而基础内部的压力应满足材料本身的强度要求，这种起到压力扩散作用的基础称为扩展基础。

（2）按构造形式分类。

①条形基础。

条形基础指基础长度远远大于宽度的一种基础形式。按上部结构分为墙下条形基础和柱下条形基础。基础的长度大于或等于基础宽度的 10 倍。条形基础的特点是布置在一条轴线上且与两条以上的轴线相交，有时也和独立基础相连，但截面尺寸与配筋不尽相同。另外横向配筋为主要受力钢筋，布置在下面，纵向配筋为次要受力钢筋或者是分布钢筋。

②独立式基础。

当建筑物上部结构采用框架或单层排架结构承重时，基础常采用方形、圆柱形和多边形等形式的独立式基础。这类基础称为独立式基础，也称单独基础，是整个或局部结构物下的无筋或配筋基础，一般是指结构柱基、高烟囱、水塔基础等的形式。独立基础分为阶形基础、坡形基础、杯形基础。

独立基础一般只坐落在一个十字轴线交点上，有时也跟其他条形基础相连，但是截面尺寸和配筋不尽相同。独立基础如果坐落在几个轴线交点上承载几个独立柱，叫做共用独立基础。另外，独立基础之内的纵横两方向配筋都是受力钢筋，且纵向的一般布置在下面。

③连续基础。

柱下条形基础、交叉条形基础、筏形基础、箱形基础统称为连续基础。

连续基础一般可看成是地基上的受弯构件——梁或板。它们的挠曲特征、基底反力和截面内力分布都与地基、基础以及上部结构的相对刚度特征有关。因此，应该根据三者的

13

相互作用，采用适当的方法进行地基上梁或板的分析与设计。

连续基础的特点是具有较大的基础底面积，因此能承担较大的建筑物荷载，更好地满足地基承载力的要求。连续基础的连续性可以大大加强建筑物整体的刚度，有利于减小不均匀沉降，提高建筑物的抗震性能。对于箱形基础和设置了地下室的筏板基础，可以有效地提高地基承载力，并能以挖去的土重补偿建筑物的部分（或全部）重量。

④井格基础。

当地基条件较差时，为了提高建筑物的整体性，防止柱子之间出现不均匀沉降的现象，常将柱下基础沿纵横两个方向扩展连接起来，做成十字交叉的井格基础。

⑤箱型基础。

箱型基础是由钢筋混凝土构成的底板、顶板、侧墙及一定数量的内隔墙构成的封闭箱体，基础中部可在内隔墙开门洞作地下室。这种基础整体性和刚度较好，调整不均匀沉降的能力较强，可减少因地基变形使建筑物开裂的可能性，减少基底处原有地基自重应力，降低总沉降量。它适用于上部结构分布不均的高层重型建筑物以及对沉降有严格要求的特殊构筑物，但混凝土及钢材用量较多，造价也较高。

⑥桩基础。

桩基础由基桩和连接桩顶的承台共同组成。若桩身全部埋于土中，承台底面与土体接触，则称为低承台桩基；若桩身上部露出地面而承台底位于地面，则称为高承台桩基。建筑桩基通常为低承台桩基础。在高层建筑中，桩基础应用广泛。

桩基是一种古老的基础形式。桩工技术经历了几千年的发展过程。现在，无论是桩基材料和桩类型，或者是桩工机械和施工方法都有了巨大的发展，现代化基础工程体系已经形成了。在某些情况下，采用桩基可以大量减少施工的工作量和材料的消耗。

2. 墙体和柱子

（1）墙体。

墙体是建筑物的竖向构件，其作用包括承重、围护、分隔和美化室内空间。

墙体按受力情况可分为承重墙与非承重墙。承重墙是把其上部建筑荷载加上自重一起传递到下部建筑，非承重墙的作用则是围护和分隔房间。

（2）柱子。

柱子是建筑物中直立的起支撑作用的构件，是建筑物结构的主要承受压力者，用以支撑梁、桁架、楼板等。

柱子在建筑中往往不是孤立存在的。结构柱子在平面排列时形成的网格被称为柱网，柱网的尺寸由柱距和跨度确定。

3. 楼板

楼板在立面中将建筑物分为若干层，是水平方向上的承重构件。楼板层承受家具、设备和人体荷载以及自重，并将这些荷载传递给墙体或柱子。

楼板按材料可分为木楼板、砖拱楼板、钢筋混凝土楼板、压型钢板、组合楼板等。

4. 楼梯

楼梯是建筑物垂直交通联系的设施，供人们上下楼层与安全疏散使用，主要由楼梯梯段、楼梯平台及栏杆扶手三部分组成。

设有踏步供人们上下行的通道被称为梯段。梯段分为踏步（供人行走时踏脚的水平部分）和踢部（形成踏步高差的竖直部分）。每个楼梯的踏步不应超过 18 级，也不应少于 3 级。

梯段平台指联系两梯段之间的水平部分，平台设于楼梯转折处，供人们过渡休息时使用。

栏杆设置在楼梯梯段两侧和平台边缘，起到安全保障的作用。扶手一般设在栏杆顶部或是上侧部。

5. 屋顶

屋顶是建筑物顶部的围护构件和承重构件，抵抗风、雨、雪、霜、冰雹等的侵蚀，并阻挡太阳辐射，从而保护室内空间。

屋顶按照形状可分为平屋顶、坡屋顶、球面屋顶、壳面屋顶、曲面屋顶和折面屋顶等。

6. 门窗

门的主要功能是供居民交通出入、分隔和联系空间，有时兼采光通风。窗的主要功能是采光通风，同时还能美化房间立面。

（1）门的类型。

门按材料可分为木门、钢门、铝合金门、塑钢门和玻璃门。

门按开启方式可分为平开门、弹簧门、推拉门、折叠门、转门、卷帘门、上翻门和升降门。

门按构造可分为镶板门、拼版门、夹板门和百叶门。

门按功能可分为保温门、隔声门、防火门和防护门。

（2）窗的类型。

窗按材料分为木窗、铝合金窗、钢窗、塑料窗、塑钢窗和玻璃窗。

窗按开启方式分为平开窗、固定窗、悬窗、立转窗、推拉窗和双层窗。

1.4.2 建筑施工图组成部分

建筑施工图由文字说明和图形表示两部分组成。

1. 文字说明

文字说明包括封面、目录、设计说明、工程做法以及门窗表。

（1）封面。

封面是施工图集的表皮，应包括项目名称、设计单位及其设计资质证书号、设计年月

（文件交付日期）。

（2）目录。

目录是使施工图页码与相应内容对应的一项专业书写，目录应放在所有施工图之前、封面之后，不应有序号。

目录应按设计说明、工程做法、门窗表、基本图（平面图、立面图、剖面图）和详图的顺序编排。选用的标准图一般应注写图集编号和名称，目录上的图号、图名应与相应图纸完全一致，图号应从"01"开始编排，不得从"00"开始。第一次的图纸为原版，变更或修改图应有变更和修改图号。比如原版图号为"一层平面隔断图—01"，第一次修改可为"一层平面隔断图—01/1"或"一层平面隔断图—01/A"，第二次修改则是"一层平面隔断图—01/2"或"一层平面隔断图—01/B"。

（3）设计说明。

设计说明是对施工图的整体说明，内容可包括工程介绍、概况、设计范围、设计依据、设计要旨以及专项说明。

（4）工程做法。

工程做法主要说明材料的选用以及施工工艺，一般涵盖室内外装修各个部位，如墙体、防潮层、地下室、屋面、外墙面、勒脚、散水、台阶、坡道、油漆和涂料等。

（5）门窗表。

门窗汇总图应有明确的编号以便于检索，主要表现门窗的立面图。门窗设计编号应按材质、功能或特性来编排。

2. 图形表示

图形表示包括平面图、立面图、剖面图和详图。

（1）平面图。

平面图是建筑施工图中最主要、最基本的图纸。平面图是在建筑物门窗洞口处水平剖切、按正投影法绘制的俯视图。平面图基本构成如下。

①用中粗实线表示剖切的建筑实体，如墙体、分隔、柱子、门窗以及楼梯等。

②用中实线表示俯视所见的建筑构件，如地面、明沟、厨房器具、踏步、窗台以及停车位等。

③用细实线表示不重要的可见轮廓，如地面拼缝、玻璃、门的开启方向以及家具等。

④用虚线表示剖切视角不可见轮廓，如藏灯、被遮挡物体以及高窗等。

⑤定位轴及其编号表示墙柱轴线形成的定位网络。

⑥标注尺寸：标注建筑实体或构件大小的尺寸为定量尺寸，如墙厚、门窗宽度以及建筑物外包尺寸等；标注建筑实体或构件位置的尺寸为定位尺寸，如墙与墙轴线间距、轴线与墙皮的距离以及柱子与轴线的距离等。

⑦标高表示建筑物实体面的高度。

⑧标示指图名、比例、剖切线位置方向及编号、房间名称、楼梯走向和踏步、坡道走向、指北针以及车的通行路线等。

⑨索引指门窗、楼梯、卫生器具以及雨水管等主要建筑及其他构件的必要编号。

（2）立面图。

立面图是建筑的外视图，展示建筑物的外形效果、立外面轮廓以及主要结构和建筑构件的形状。

立面图应包括投影方向可见的建筑外轮廓线，不可见轮廓线一律不画。房屋整体外包轮廓画粗线，室外地坪画加粗线。立面图比例通常与平面图相同，立面施工图不得加画阴影和配景。

（3）剖面图。

剖面图表示建筑物剖断之后的切面图，用中实线表示剖切到的建筑实体。沿建筑宽度方向剖切后的剖面图称为横剖面图，沿建筑长度方向剖切后的剖面图称为纵剖面图。

（4）详图。

建筑详图是建筑细部的施工图，是建筑平面图、立面图和剖面图的补充，因为平面图、立面图和剖面图的比例尺较小，建筑物上许多细部构造无法表示清楚，根据施工要求，必须绘制比例尺较大的图样才能表示清楚。

1.4.3 建筑制图规范

建筑制图有一套完整的制图规范，建筑施工图设计应严格依据《建筑工程设计文件编制深度规定》、《房屋建筑制图统一标准》GB/T 50001-2010、《建筑制图标准》GB/T 50104-2010 等标准。

建筑制图规范主要体现在图幅、标题栏、会签栏、线型要求、尺寸要求、文字说明、图示标志、材料符号等方面。

1.图纸的幅面规格

图纸的幅面规格（图幅）即图纸大小，分为横式与立式两种。根据国家标准规定，按图面长和宽的大小决定图幅等级。建筑制图中常用的图幅有 A0、A1、A2、A3 及 A4，每种图幅的长宽规定如表 1-1 所示，表中尺寸代号参照如图 1-9 和图 1-10 所示。

表 1-1　图幅标准（mm）

尺 寸 代 号	图 幅 代 号				
	A0	A1	A2	A3	A3
b × l	841 × 1189	594 × 841	420 × 594	297 × 420	210 × 297
c	10			5	
a	25				

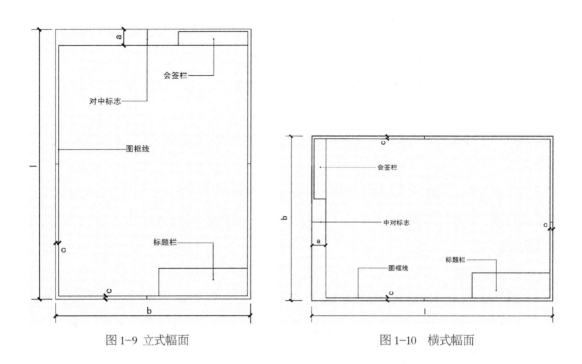

图1-9 立式幅面   图1-10 横式幅面

2. 标题栏

标题栏包括设计单位的名称区、工程名称区、签字区、图名区以及图号区等。每个设计单位标题栏格式都不同，但是无论怎样变化，都必须包括以上几项内容。如图1-11所示为标题栏的一种格式。

图1-11 标题栏格式

3. 会签栏

会签栏是建筑图纸上用来表明信息的一种标签栏，其尺寸应为100mm×20mm，栏内应填写会签人员所代表的专业、姓名、日期（年、月、日）。如图1-12所示。一个会签栏不够时，可以另加一个，两个会签栏应该并列，不需要会签的图纸可以不设会签栏。

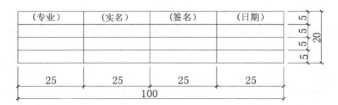

图1-12 会签栏格式

4. 线型要求

建筑图纸都是由线条构成，不同的线型表示不同的对象和不同的部位。为了使建筑图纸能够准确、美观地表达建筑样式,建筑制图中常用如表1-2所示的线型作为基准进行绘图。

表1-2　常用线型表

名　称	线　型	线　宽	一　般　用　途
粗实线	——	b	主要可见轮廓线 剖面图中被剖切部分的轮廓线
中粗实线	——	0.7b	可见轮廓线
中实线	——	0.5b	可见轮廓线 剖面图中未被剖切但仍能看到而需要画出的轮廓线,尺寸标注的尺寸起止符号
细实线	——	0.25b	尺寸界限、尺寸线、索引符号、引出线、图例线、标高符号线等
粗虚线	- - - - -	b	新建的各种给排水管道,总平面图或运输图中的地下建筑物或地下构筑物
中粗虚线	- - - - -	0.7	不可见轮廓线
中虚线	- - - -	0.5b	需要画出的不可见轮廓线
细虚线	- - - - -	0.25b	不可见轮廓线,次要不可见轮廓线
点划线	— · — · —	0.25b	轴线、构配件的中心线、对称线等
折断线	—〜—	0.25b	不画出图样全部时的断开界限
波浪线	〜〜	0.25b	不画出图样全部时的断开界限 构造层次的断开界限
加粗的粗实线	——	1.4b	建筑物或构筑物的地平线,路线工程图中的设计路线,剖切位置线等

图线线宽"b"可以采用以下数据:2.0、1.4、1.0、0.7、0.5、0.35。"b"值不同所作图纸的线宽也不同,作图时粗、中、细、虚四种线型区分要明显。

5. 尺寸要求

(1)尺寸标注(见图1-13)。

尺寸标注应满足以下要求。

①尺寸标注应准确、清晰、美观大方。

②同套图中,标注风格应保持一致。

③尺寸线应尽量标注在图样轮廓外,从内到外、从小到大依次标注尺寸。

④最内一道尺寸线与图样距离不应小于10mm,两道尺寸线之间距离一般为7~10mm。

⑤图线拥挤的地方,应合理安排尺寸线的位置,不应出现图线、文字或符号交叠的状况。

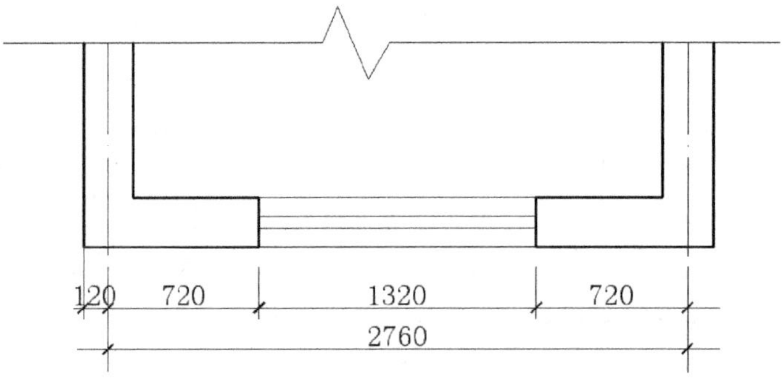

图 1-13　正确的尺寸标注

⑥对于连续重复的配构件等，可以使用"均分"或"EQ"字样表示。

（2）常用绘图比例。

下面为常用绘图比例，作图时应灵活运用。

①总图常用的绘图比例：1:500、1:1000、1:2000。

②平面图常用的绘图比例：1:50、1:100、1:150、1:200、1:300。

③立面图常用的绘图比例：1:50、1:100、1:150、1:200、1:300。

④剖面图常用的绘图比例：1:100、1:150、1:200、1:300。

⑤局部放大图常用的绘图比例：1:10、1:20、1:25、1:30、1:50。

⑥配件及构造详图常用的绘图比例：1:1、1:2、1:5、1:10、1:20、1:25、1:30、1:50。

6. 文字说明

图纸中有些地方无法用图线方式表示，这时可以引用文字说明。文字说明在绘图中起到补充说明的作用，比如设计说明、材料名称、配构件名称、施工方法、统计表以及图名等。

文字说明是图纸的重要组成部分。制图中文字说明也有相应的规范：字体要端正、排列整齐、清晰准确、美观大方，避免过于个性化的文字标注。一般标注推荐采用仿宋字，大标题、图册封面、地形图等的字体也可书写成其他字体，但应易于辨认。

7. 图示标志

（1）详图索引符号。

在制图过程中有时需要另画详图用以详细表现原图纸的具体结构，此时应添加一个索引符号，以表明所画详图的编号及其在整套图纸中的位置。这个索引符号就是详图索引符号。图 1-14 是几种常见的详图索引符号。

（2）详图符号。

详图符号指的是详图的编号，应用粗实线绘制，如图 1-15 所示。

（3）引出线。

由绘制图中引出的一条或多条指向文字说明的线段叫做引出线。引出线与水平方向的夹角一般为 0°、30°、45°、60°、90°。常见的引出线型如图 1-16 所示。

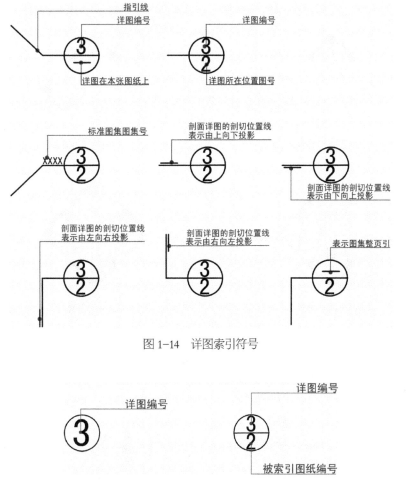

图 1-14　详图索引符号

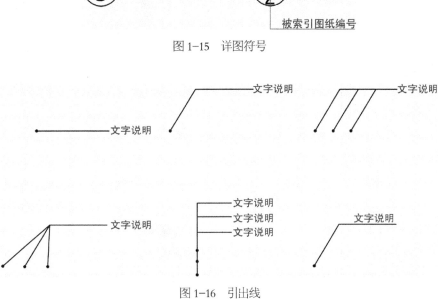

图 1-15　详图符号

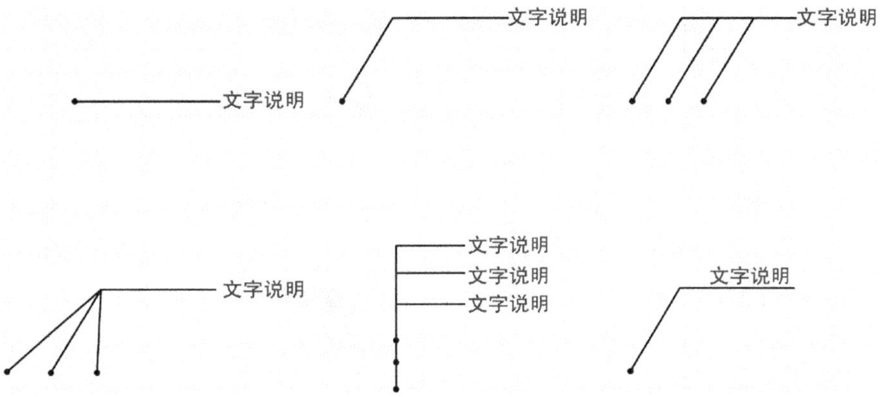

图 1-16　引出线

（4）内视符号。

为了表示室内立面在平面图的位置，应在平面图上用内视符号注明视点位置，方向及立面编号，如图 1-17 所示。

（5）其他建筑常用符号图例。

如表 1-3 所示为建筑常用符号图例；表 1-4 所示为总图常用符号图例。

立面图编号

立面图所在位置图纸编号

(a)单向内视符号

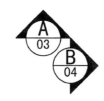

(b)双向内视符号

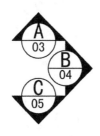

(c)三向内视符号

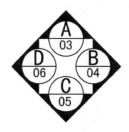

(d)四向内视符号

图 1-17　内视符号

表 1-3　建筑常用符号

符　号	说　明	符　号	说　明
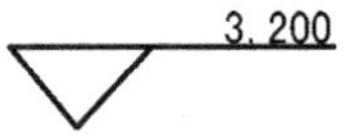 3.200	标高符号，线上数值为标高值，单位为 m	 指北针	指北针
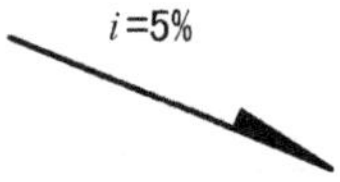 i=5%	表示坡度	 对称符号	对称符号，在对称图形中轴画此符号，可以省画另一半图形
② Ⓐ	轴线标号	½ ¹⁄ₐ	表示附加轴线号
1　1	剖切符号，标数字的方向为投影方向	2　2	表示标注绘制断面图的位置，标数字的方向为投影方向
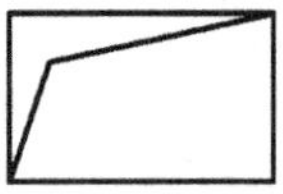 矩形坑槽	矩形坑槽	 矩形孔洞	矩形孔洞
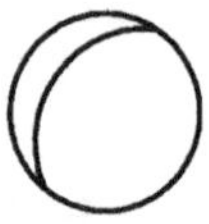 圆形坑槽	圆形坑槽	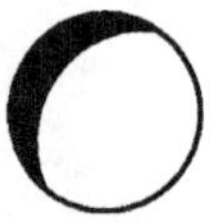 圆形孔洞	圆形孔洞
@	表示重复出现的固定间隔	Φ	表示直径
平面图 1:100	图纸名称及比例	 ① 1:5	索引详图名称及比例

22

符　号	说　明	符　号	说　明
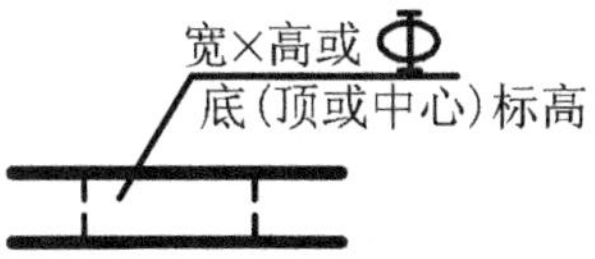 宽×高或 Φ 底(顶或中心)标高	墙体预留洞	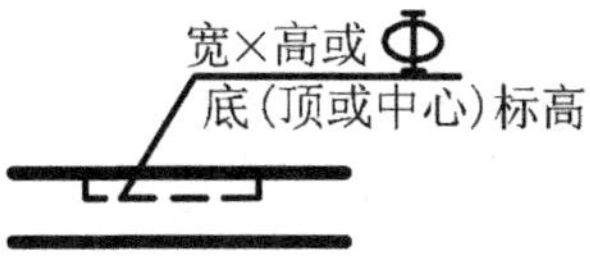 宽×高或 Φ 底(顶或中心)标高	墙体预留槽
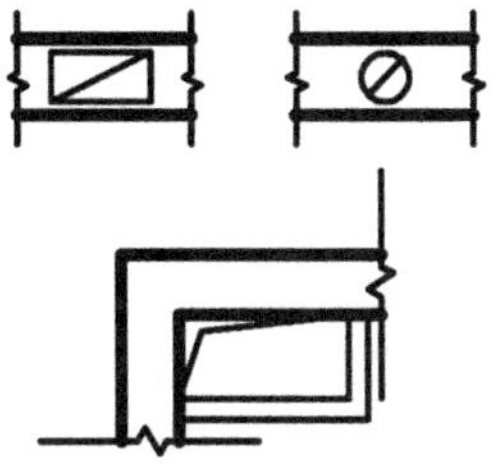	通风口	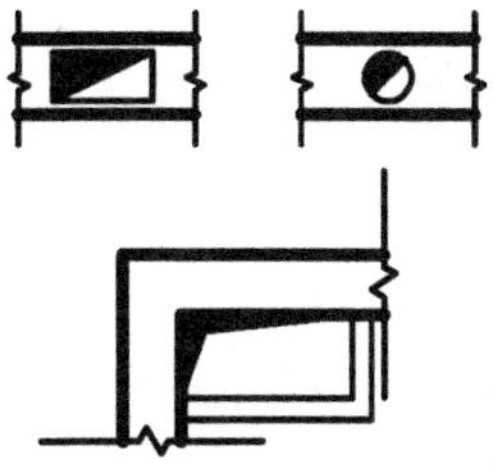	烟道

表1-4　总图常用符号

名　称	图　例	说　明	名　称	图　例	说　明
新建的建筑物	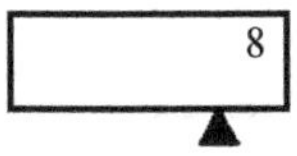 8	①需要时可用▲表示出入口,可在图形内右上角用点数或数字表示层数 ②建筑物外形用粗实线表示,需要时地面以上建筑用中实线表示,地面以下建筑用细实线表示	露天桥式起重机	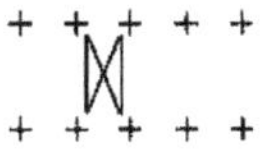 + + + + M + + + + +	
			截水沟或排水沟	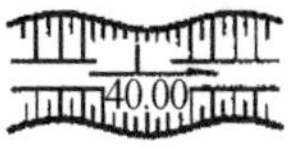 40.00	"|"表示1%的沟底纵向坡度 "40.00"表示变坡点间距离 箭头表示水流方向
原有的建筑物		用细实线表示	坐标	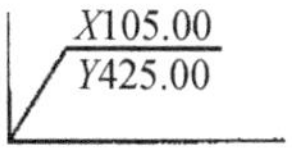 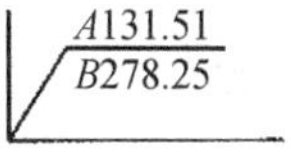 X105.00 Y425.00 A131.51 B278.25	上图表示测量坐标 下图表示建筑坐标
计算扩建的预留地或建筑物		用中虚线表示	填挖边坡		边坡较长时可在一端或两端局部表示
拆除的建筑物		用细实线表示	护坡		下边线为虚线时表示填方
散状材料露天堆场		需要时可注明材料名称	雨水井		
其他材料露天堆场或露天作业场	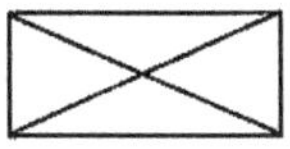		消火栓井		—

名　称	图　例	说　明	名　称	图　例	说　明
铺砌场地	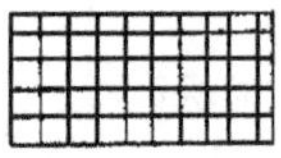	—	室内标高	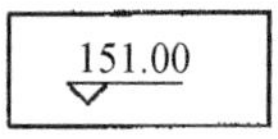 151.00	—
树木与花卉		各种不同的树木有多种图例	室外标高	▼143.00	
草坪	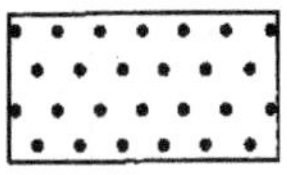	—	桥梁	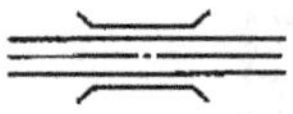	上图为公路桥下图为铁路桥用于旱桥时应注明
水池坑槽		—	原有道路		
围墙及大门	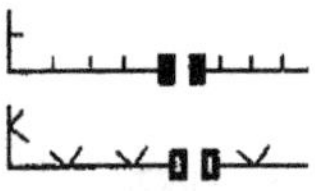	上图为实体性质的围墙，下图为通透性质的围墙，如仅表示围墙时不画大门	计划扩建的道路	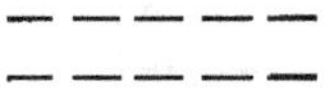	—
烟囱		实线为烟囱下部直径，虚线为基础，必要时可注写烟囱高度和上、下口直径	新建道路	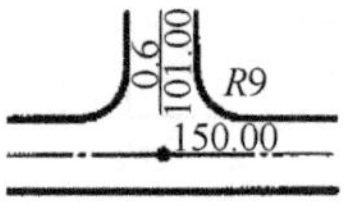 R9 0.6 101.00 150.00	"R9"表示道路转弯半径为9m "150.00"表示路面中心标高 "0.6"表示0.6%的纵向坡度 "101.00"表示变坡点间距离

8. 材料符号

建筑图中经常用材料图例来表示材料，一般常用材料图例如表 1-5 所示，常用材料或是图例无法表示的地方可以采用文字说明。表 1-6 所示为常用构造及配件图例；表 1-7 所示为室内常用平面图例；表 1-8 所示为室内电气照明施工常用图形符号；表 1-9 所示为消防设施图例。

表 1-5　常用材料图例

序　号	名　　称	图　例	备　　注
1	自然土壤	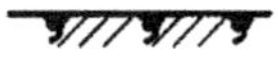	包括各种自然土壤
2	夯实土壤		—
3	砂、灰土	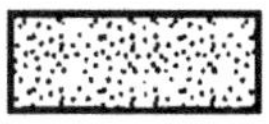	靠近轮廓线绘较密的点
4	沙砾土、碎砖三合土	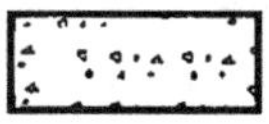	—
5	石材	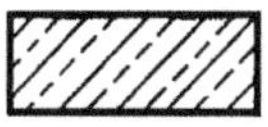	—
6	毛石		—
7	普通砖	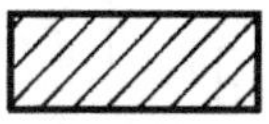	包括实心砖、多孔砖、砌块等砌体。断面较窄不易绘出图例线时，可涂红
8	耐火砖	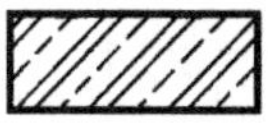	包括耐酸砖等砌体
9	空心砖		指非承重砖砌体
10	饰面砖		包括铺地砖、马赛克、陶瓷棉砖、人造大理石等
11	焦渣、矿渣	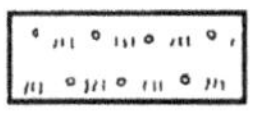	包括与水泥、石灰等混合而成的材料
12	混凝土	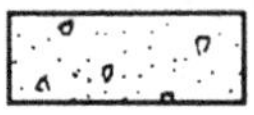	①本图例指能承重的混凝土及钢筋混凝土 ②包括各种强度等级、骨料、添加剂的混凝土
13	钢筋混凝土		③在剖面图上画出钢筋时，不画图例线 ④断面图形小，不易画出图例线时，可涂黑
14	多孔材料	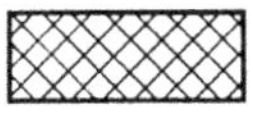	包括水泥珍珠岩、沥青珍珠岩、泡沫混凝土、非承重加气混凝土、软木、蛭石制品等
15	纤维材料	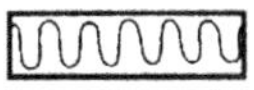	包括矿棉、岩棉、玻璃棉、麻丝、木丝板、纤维板等
16	泡沫塑料材料	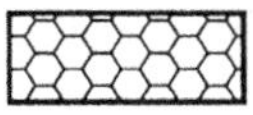	包括聚苯乙烯、聚乙烯、聚氨酯等多孔聚合物类材料
17	木材		①上图为横断面，由左至右分别为垫木、木砖、木龙骨 ②下图为纵断面
18	胶合板		应注明为几层胶合板

序　号	名　　称	图　例	备　注
19	石膏板		包括圆孔、方孔石膏板与防水石膏板等
20	金属		①包括各种金属 ②图形小时，可涂黑
21	网状材料		①包括金属、塑料网状材料 ②应注明具体材料名称
22	液体		应注明具体液体名称
23	玻璃		包括平板玻璃、磨砂玻璃、夹丝玻璃、钢化玻璃、中空玻璃、加层玻璃、镀膜玻璃等
24	橡胶		—
25	塑料		包括各种软、硬塑料及有机玻璃等
26	防水材料		构造层次多或比例大时，采用上面图例
27	粉刷		本图例采用较稀的点

表 1-6　常用构造及配件图例

名　　称	图　例	说　明	名　称	图　例	说　明
墙体		应加注文字或填充图例表示墙体材料，在项目设计图纸说明中列材料图例表给予说明	孔洞		—
			坑槽		—
隔断		①包括板条抹灰、木制、石膏板及金属材料等隔断 ②适用于到顶与不到顶隔断	墙顶留洞	宽×高或ϕ 底顶层中心标高xx.xxx	—

续表

名　称	图　例	说　明	名　称	图　例	说　明
栏杆			梁式悬挂起重机	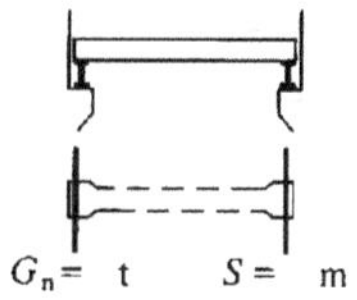 $G_n=$ t　$S=$ m	①上图表示立面（或剖面）②下图表示平面③起重机的图例应按比例绘制有无操纵室，可按实际情况绘制④需要时，可注明起重机的名称、行驶的轴线范围及工作级别⑤本图例的符号说明：G_n 为起重机的重量，以 t 计算；S 为起重机的跨度或臂长，以 m 计算
楼梯	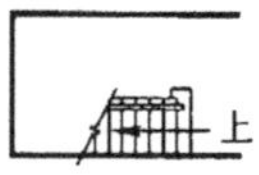 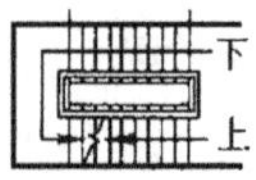 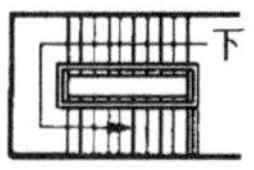	上图为底层楼梯平面，中图为中间层楼梯平面，下图为顶层楼梯平面。楼梯及栏杆扶手的形式和梯段踏步数应按实际情况绘制	梁式起重机	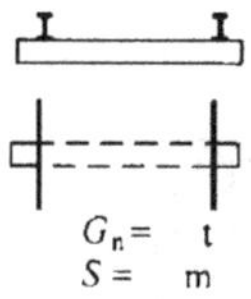 $G_n=$ t　$S=$ m	
			桥式起重机	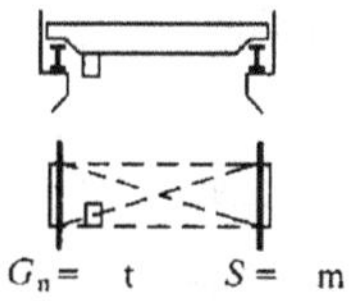 $G_n=$ t　$S=$ m	
坡道	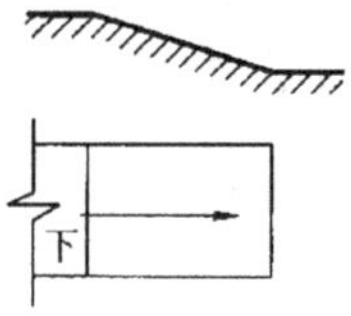 下	上图为长坡道，下图为门口坡道	电梯		①电梯应注明类型，并绘出门和平行锤的实际位置②观景电梯等特殊类型电梯应参照本图例按实际情况绘制
	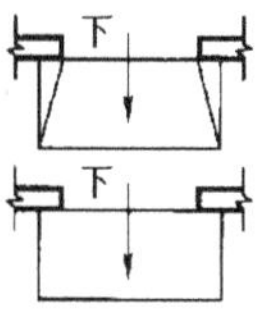 下　下		自动扶梯	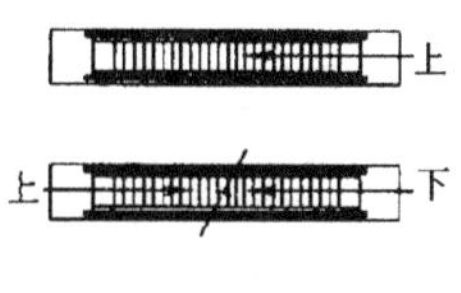 上　上下	
检查孔	 	左图为可见检查孔，右图为不可见检查孔	平面高差	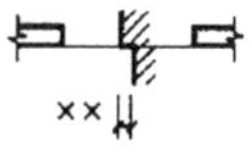 ××↓	适用于高差小于100mm的两个地面或楼面相接处

28

名　称	图　例	说　明	名　称	图　例	说　明
空门洞	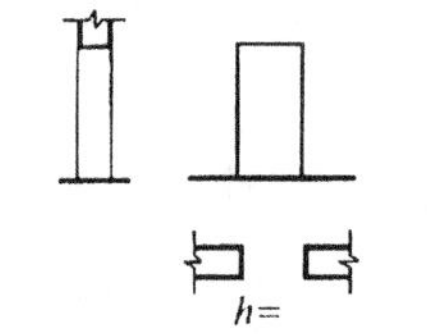	h 为门洞高度	单层固定窗	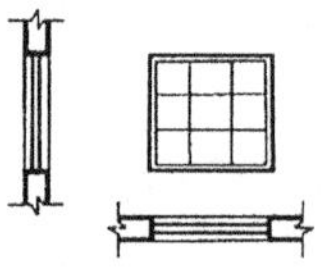	①窗的名称代号用 C 表示 ②立面图中的斜线表示窗的开关方向，实线为外开，虚线为内开；开启方向线交角的一侧为安装合页的一侧，一般设计图中可不表示 ③剖面图中左为外、右为内，平面图中下为外、上为内 ④平、剖面图中的虚线仅说明开关方式，在设计图中不需表示 ⑤窗的立面形式应按实际情况绘制 ⑥小比例绘图时平面图、剖面图的窗线可用单粗实线表示
单扇门（包括平开或单面弹簧）	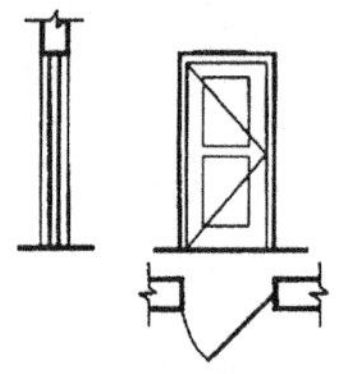	①门的名称代号用 M 表示 ②剖面图中左为外、右为内，平面图中下为外、上为内 ③立面图中开启方向线交角的一侧为安装合页的一侧，实线为外开，虚线为内开 ④平面图中门线应 90°或 45° 开启，开启弧线宜绘出 ⑤立面图中的开启线在一般设计图中可不表示，在详图及室内设计图中应表示 ⑥立面形式应按实际情况绘制	单层外开上悬窗	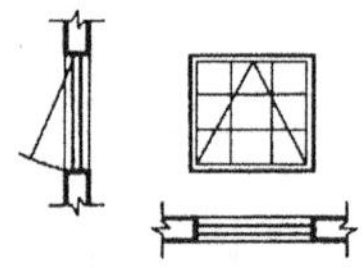	
双扇门（包括平开或单面弹簧）	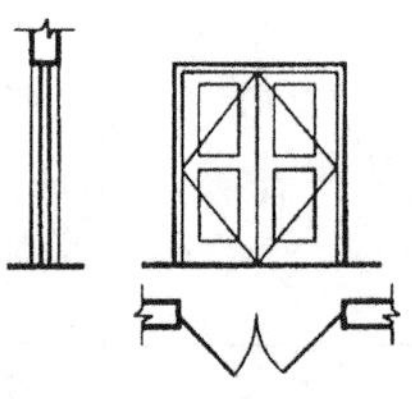		单层中悬窗	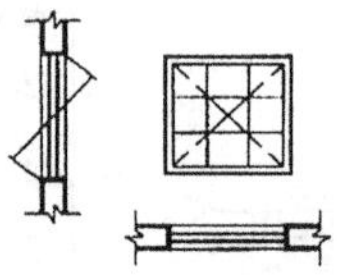	
单扇双面弹簧门	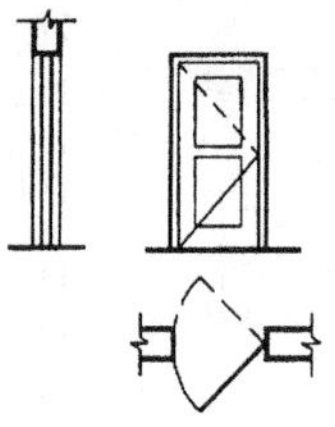		立转窗	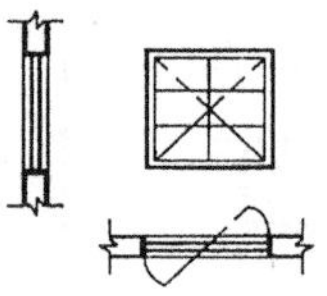	
双扇双面弹簧门	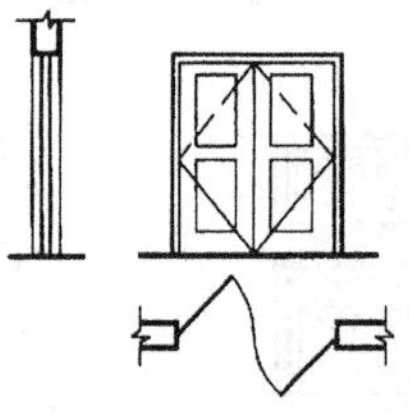		单层外开平开窗	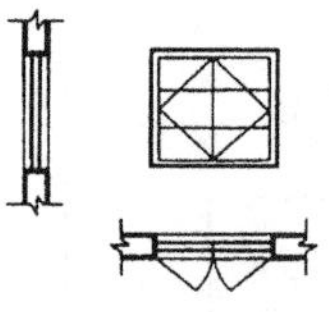	
转门	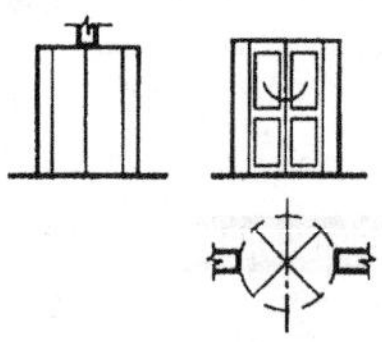		单层内开平开窗	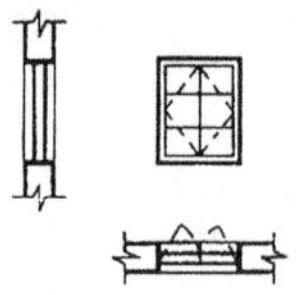	
竖向卷帘门	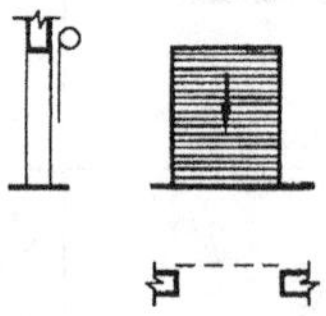	①门的名称代号用 M 表示 ②剖面图中为外、右为内，平面图中下为外、上为内 ③立面形式应按实际情况绘制	推拉窗	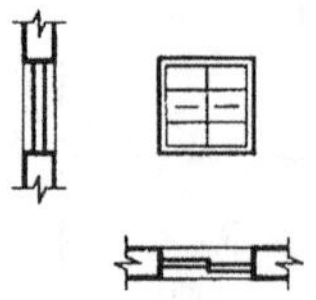	
推拉门	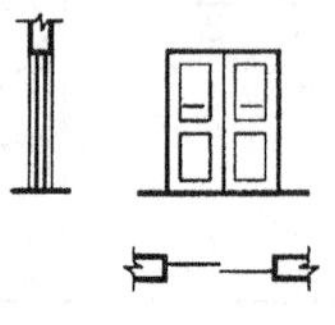		高窗	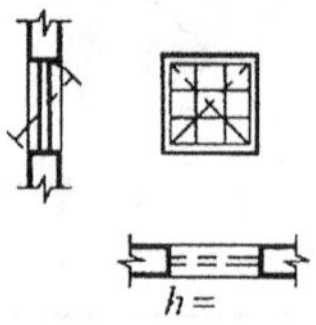	

表 1-7　室内常用平面图例

序　号	名　　称	图　　例	说　　明
1	双人床		
2	单人床		
3	沙发		特殊家具根据实际情况绘制其外轮廓线
4	坐凳		
5	桌子		
6	钢琴		
7	地毯		
8	盆花		
9	吊柜		
10	壁柜		
11	坐式大便器		
12	浴盆		
13	立式洗脸盆		
14	空调		
15	电视		
16	洗衣机		
17	电话		
18	热水器		
19	地漏		

序　号	名　称	图　例	说　明
20	开关		涂黑为暗装，不涂黑为明装
21	插座		涂黑为暗装，不涂黑为明装
22	配电盘		
23	盥洗槽		
24	淋浴喷头		
25	蹲式大便器		

表1-8　室内电气照明施工常用图形符号

图　例	说　明
	带接地插孔的三相插座
	带接地插孔的暗装三相插座
	带接地插孔的密闭（防水）三相插座
	带接地插孔的防爆三相插座
	插座箱（板）
	多个插座（示出3个）
	具有单极开关的插座
	具有隔离变压器的插座
	带熔断器的插座
	开关一般符号
	单极开关
	暗装单极开关
	密闭（防水）单极开关
	防爆单极开关
	双极开关
	暗装双极开关电气图用图形符号
	密闭（防水）双极开关
	防爆双极开关

表1-9 消防设施图例

名　称	图　例	备　注	名　称	图　例	备　注
消火栓给水管	——XH——		侧喷式喷洒头	平面　系统	
自动喷水灭火给水管	——ZP——		雨淋灭火给水管	——YL——	
室外消火栓			水幕灭火给水管	——SM——	
室内消火栓（单口）	平面　系统	白色为开启面	水炮灭火给水管	——SP——	
室内消火栓（双口）	平面　系统		干式报警阀	平面　系统	
水泵接合器			水炮		
自动喷洒头（开式）	平面　系统		湿式报警阀	平面　系统	
自动喷洒头（闭式）	平面　系统	下喷	预作用报警阀	平面　系统	
自动喷洒头（闭式）	平面　系统	上喷	末端测试阀	平面　系统	
自动喷洒头（闭式）	平面　系统	上喷	手提式灭火器		
侧墙式自动喷洒头	平面　系统		推车式灭火器		

31

第2章
初步了解——AutoCAD 制图基础

2.1 AutoCAD 2017 用户界面

AutoCAD 2017 的操作界面是显示命令、编辑图形的区域。首先点击开始绘图，出现操作界面，如图 2-1 所示的是 AutoCAD 2017 中文版的操作界面。

AutoCAD 2017 的操作界面包括标题栏、菜单栏、功能区、工具栏、绘图区、命令行窗口、状态栏文件选项卡等。

2.1.1 标题栏

标题栏位于整个 AutoCAD 2017 操作界面最上端靠右的位置。

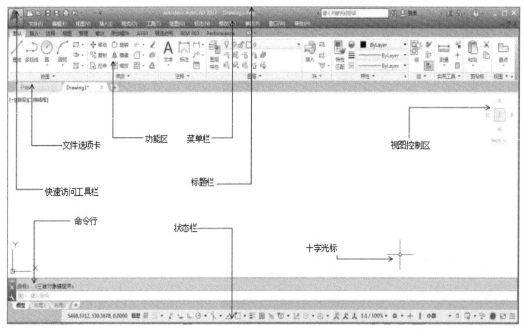

图 2-1 AutoCAD 2017 中文版操作界面

"AutoCAD 2017"为当前软件的名称与版本，"Drawing1.dwg"为用户正在使用的图形文件名称，标题栏最右侧的三个按钮分别为最小化、最大化和关闭，用于调整 AutoCAD 当前的状态。

2.1.2 菜单栏

AutoCAD 的菜单栏位于标题栏下方，包括文件、编辑、视图、插入、格式、工具、绘图、标注、修改、参数、窗口和帮助十二个下拉菜单组。

AutoCAD 2017 初始界面中菜单栏处于隐藏状态，需要点击标题栏中靠左位置的下拉三角 ▾，在下拉菜单中选择"显示菜单栏"才能调出。

2.1.3 工具栏

工具栏是方便用户快速调用命令的一个板块，它由许多命令按钮图标组成。

AutoCAD 2017 中提供了 30 多种工具栏，每一个工具栏都有一个名称，对常用的工具栏操作有以下几种。

（1）固定工具栏，绘图区四周边界为工具栏的固定位置，将工具栏拖到这些位置即可将其固定。在浮动工具栏的两端双击也可将其固定。

（2）浮动工具栏，拖动固定工具栏到绘图区内，工具栏自动转变为浮动工具栏。

（3）打开工具栏，将光标放在工具栏的任何空留区域单击右键，系统会自动弹出工具栏菜单。

（4）显示隐藏工具，在工具栏中有一些右下角带有斜三角形角标的按钮，表示该按钮下有隐藏工具。用鼠标左键单击此按钮，便可调用其隐藏的工具。

工具栏在 AutoCAD 初始界面也是隐藏的，调出工具栏的方法为点击菜单栏"工具"选择"工具栏"，选择"AutoCAD"在其扩展菜单下就是工具栏菜单，如图 2-2 所示，其中比较常用的有"标准"、"图层"、"标注"、"特性"、"绘图"和"修改"，建议依次调出。调出后的工具栏可以粘贴在绘图区两侧以及上方。

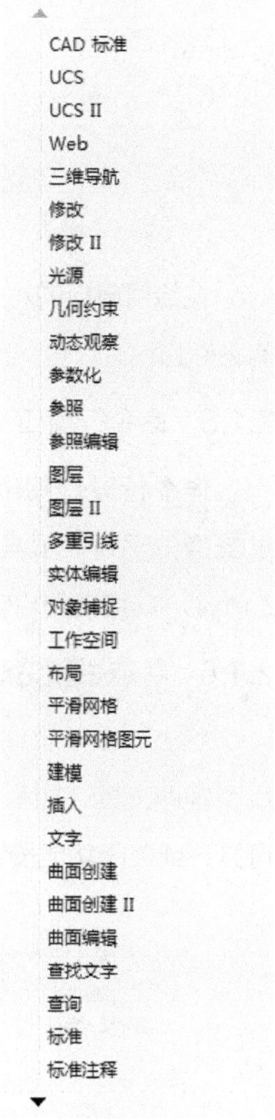

CAD 标准
UCS
UCS II
Web
三维导航
修改
修改 II
光源
几何约束
动态观察
参数化
参照
参照编辑
图层
图层 II
多重引线
实体编辑
对象捕捉
工作空间
布局
平滑网格
平滑网格图元
建模
插入
文字
曲面创建
曲面创建 II
曲面编辑
查找文字
查询
标准
标准注释

图 2-2　工具栏

2.1.4 绘图区

绘图窗口是用来显示、绘制和修改图形的矩形区域，所有的图形绘制结果都会在这个窗口中反映，有时根据需要可关闭其内外的各个工具栏，以增大绘图空间。由于我们绘制的图纸通常较大，不能全部在视图中显示出来，如需查看未显示的部分，可单击窗口右边与下边滚动条上的箭头，或拖动滚动条上的滑块来移动图纸。

在绘图窗口中除了我们所绘制的图形外，还有一项很重要的内容即图纸的坐标轴，它反映了当前使用的坐标系类型以及坐标原点，坐标轴包括 X 轴、Y 轴和 Z 轴。在 AutoCAD 2017 默认状态下坐标系为世界坐标系（WCS），如图 2-3 所示。

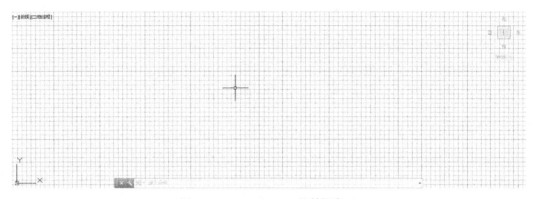

图 2-3 AutoCAD 2017 的绘图窗口

在绘图窗口的左下角有"模型"和"布局"选项卡，单击这两个选项卡可以在两者之间来回切换。

2.1.5 命令行窗口

命令行窗口的位置在 AutoCAD 软件界面的底部，它是用户与 AutoCAD 进行信息交换的平台。很多命令指令都需要在这个窗口完成。在命令行窗口信息的提示下，AutoCAD 接受用户输入的各种各样的命令，用户可以很直观高效地对图形进行绘制。

2.1.6 状态栏和滚动条

状态栏位于软件界面的最底部，其中包含了若干个功能按钮，它们是 AutoCAD 的绘图辅助工具，如图 2-4 所示。单击即可打开或者关闭功能按钮，使用相应的快捷键也可打开或关闭功能按钮。

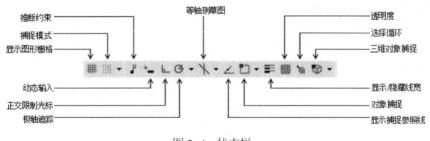

图 2-4 状态栏

滚动条位于视图区右边和右下方，分为竖直滚动条与水平滚动条，用鼠标拖动滚动条滑块或者单击滚动条两侧三角，即可移动视图区图形。

2.1.7 功能区

功能区位于绘图区的上方，包括"默认"、"插入"、"注释"、"参数化"、"视图"、"管理"、"输出"以及"A360"八个功能区。每个功能区都集成了相关的操作命令，方便用户快速输入命令，单击功能区选项最右边的 按钮可以控制功能区的展开与收缩。

2.2　绘图辅助工具

AutoCAD 为用户提供了"捕捉模式"、"栅格显示"、"正交模式"、"对象捕捉"以及"极轴追踪"等辅助绘图的工具，协助用户更加快速地绘图。

2.2.1　捕捉模式

"捕捉"是在绘图区内提供不可见的参考栅格，即设定光标移动的间距。当打开捕捉模式时，光标只能处于离自身最近的捕捉栅格点上，不能放置在指定的捕捉栅格点之外。当关闭捕捉模式或使用输入点的坐标时，它就不再对光标起任何约束作用。

单击状态栏内的 按钮或使用系统默认的快捷键"F9"，即可打开捕捉模式。

选择菜单栏中的"工具"|"绘图设置"命令，或用鼠标右键单击 按钮，选择"捕捉设置"，即可弹出"草图设置"对话框，如图 2-5 所示。选择"捕捉和栅格"选项卡，其中包含了捕捉命令的全部设置。

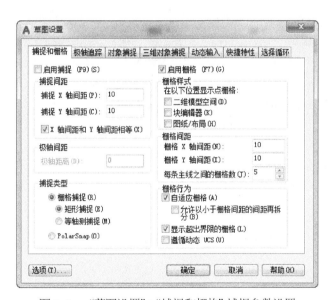

图 2-5　"草图设置"|"捕捉和栅格"捕捉参数设置

"捕捉 X 轴间距"：可设置沿 X 轴方向上的捕捉间距。

"捕捉 Y 轴间距"：可设置沿 Y 轴方向上的捕捉间距。

"X 轴间距和 Y 轴间距相等"：用于控制 X 轴和 Y 轴方向的间距相等，方便用户绘制一些特殊图形。

"捕捉类型"：可设置栅格捕捉或 PolarSnap（极轴捕捉）两种类型。"栅格捕捉"模式中包含有"矩形捕捉"和"等轴测捕捉"两种样式。绘制二维图形时，通常使用系统默认的矩形捕捉。"极轴捕捉"模式是相对于上一点的捕捉模式。如果当前正在执行绘图命令，光标就能在图形中自由移动。当执行某一绘图命令后，光标就只能在特定的极轴角度上，且定位在距离为间距倍数的点上。

用键盘输入"SNAP"命令也同样可以完成所有的捕捉设置，如下：

命令 :SNAP

指定捕捉间距或 [打开（ON）/ 关闭（OFF）/ 纵横向间距（A）/ 传统（L）/ 样式（S）/ 类型（T）] <10.0000>:

2.2.2　栅格显示

栅格为绘图窗口中的一些标定位置的点，彼此之间距离相等，为用户提供距离和位置的参照。栅格并不是图形的一部分，所以不会被打印出来。在默认情况下，栅格以图像界限的左下角为起点，沿着与坐标轴平行的方向填满由图形界限所定义的整个区域。

单击状态栏内的 ▦ 按钮或使用系统默认的快捷键"F7"都可以开启栅格显示。

选择菜单栏中的"工具" | "绘图设置"命令；或用鼠标右键单击 ▦ 按钮，选择"设置"。在弹出的"草图设置"对话框中选择"捕捉和栅格"选项卡，便可以对栅格的参数进行设置，如图 2-6 所示。

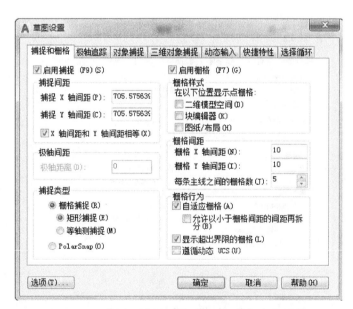

图 2-6　"草图设置" | "捕捉和栅格"栅格参数设置

"栅格样式"：用户可以根据需要，选择把"二维模型空间"、"块编辑器"和"图纸 / 布局"这三个位置的栅格样式设定为点栅格。

"格栅间距"：指定水平、垂直方向上的栅格间距。一般设为"捕捉间距"的倍数。如果该值为 0，则栅格使用对应的"捕捉 X 轴间距"和"捕捉 Y 轴间距"的值。

"每条主线之间的栅格数"：指定主栅格线相对于次栅格线的频率。若设定的栅格间距太小，系统将提示"栅格太密，无法显示"：表示屏幕上不能显示栅格。

"栅格行为"：设置"视觉样式"下栅格线的显示样式。

"自适应栅格"：栅格线缩小时，限制栅格密度。

"允许以小于栅格间距的间距再拆分"：栅格线放大时，生成更多间距更小的栅格线。

"显示超出界限的栅格"：显示超出图形边界的栅格。

"遵循动态 UCS"：更改栅格平面以跟随动态用户坐标系的 XOY 平面。

用键盘输入"GRID"命令，也同样可以完成对栅格显示的设置。

命令 :GRID

指定栅格间距（X）或 [开（ON）/ 关（OFF）/ 捕捉（S）主（M）自适应（D）/ 界限（L）/ 跟随（F）纵横向间距（A）]<10.0000>:

2.2.3　正交模式

"正交模式"可以帮助用户绘制仅平行于 X 轴或 Y 轴的直线。在需要绘制众多正交直线时，通常要打开"正交"辅助工具。

当捕捉类型为等轴测捕捉时，开启正交模式将使绘制的直线平行于当前轴侧平面中正交的坐标轴。

单击状态栏中的 ⌞ 按钮或使用系统默认的快捷键"F8"都可以打开正交模式。

打开"正交"辅助工具后，用户就可以绘制只平行于两个坐标轴的直线，并且指定点的位置，而不用考虑屏幕上光标的位置。绘图的方向取决于光标到 X 轴方向上的距离与到 Y 轴方向上的距离的比较。若沿 X 轴方向的距离大于沿 Y 轴方向的距离，系统将绘制水平线；相反，沿 Y 轴方向的距离大于沿 X 轴方向的距离，则绘制垂直线。同时，"正交"并不影响从键盘上输入坐标点。

2.2.4　对象捕捉

对象捕捉工具为用户提供了一些特殊位置点的捕捉模式，方便用户快速、准确地定位新的点。与前几种辅助工具类似，"对象捕捉"也可以通过状态栏中的 ◻ 按钮或者快捷键"F3"来开启。同样，在"草图设置"对话框中选择"对象捕捉"选项卡，便可以对其进行设置，如图 2-7 所示。

"启用对象捕捉"：勾选开启对象捕捉模式。

"启用对象捕捉追踪"：勾选开启对象捕捉追踪模式，系统默认快捷键为 F11。

"对象捕捉模式"：根据需要勾选其中的捕捉模式，即激活该模式捕捉。

"选项"：单击该按钮可打开"选项"对话框的"草图"选项卡，利用该对话框对捕捉模式的各项进行设置。

打开的捕捉模式不宜太多，否则捕捉点会被很多无关的捕捉模式影响。建议用户在绘制图形时，根据具体需要来打开捕捉模式，不要盲目开启。常用的捕捉模式有：端点、中点以及交点等。

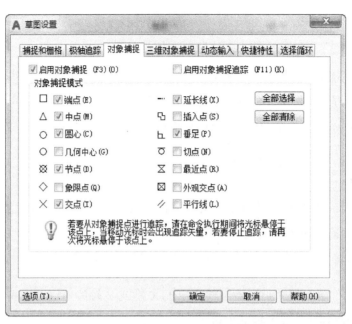

图 2-7 草图设置 | 对象捕捉

在对象捕捉选项卡中，用户可以选择多种对象捕捉的模式，如表 2-1 所示。

表 2-1 对象捕捉模式功能表

捕捉模式	功　　能
端点	捕捉直线、多线、多段线线段、样条曲线、面域或射线最近的端点，或宽线实体或三维面域的最近角点
中点	捕捉直线、多线、多段线线段、面域、实体、样条曲线或参照线的中点
圆心	圆、圆弧、椭圆、椭圆弧等的圆心
节点	点对象、标注定义点或标注文字起点
象限点	圆、圆弧、椭圆、椭圆弧等图形在 0°、90°、180°、270° 方向上的点
交点	图形对象的交点
范围	指定图形对象范围上的点
插入点	插入到当前图形中的文字、块、形或属性等对象的插入点
垂足	某指定点到已知直线、圆、圆弧、椭圆、椭圆弧、多线段或样条曲线等图形的垂直点
切点	圆、圆弧、椭圆、椭圆弧、多线段或样条曲线等对象的切点
最近点	离拾取点最近的图形对象上的点
外观交点	两个没有直接相交的对象，系统将自动计算它们延长后的交点，或者三维空间中异面直线在投影方向上的交点
平行线	与已知直线平行的方向上的一点

2.2.5　追踪

当追踪工具处于开启状态时，用户可以通过绘图区中的追踪线，根据需要精确地确定位置和角度，从而准确地绘制图形。

追踪线可以是水平线、垂直线，也可以是有一定角度的线。

AutoCAD 2017 为用户提供了两种追踪模式：极轴追踪和对象捕捉追踪。

1. 极轴追踪

通过界面底部状态栏中的  按钮或通过快捷键"F10"都可以开启"极轴追踪"。
打开极轴追踪模式后，追踪线是由相对于起点和端点的极轴角决定。

（1）设置极轴追踪

打开"草图设置"对话框，选择"极轴追踪"选项卡，根据选项卡中的内容便可完成
极轴追踪的设置，如图 2-8 所示。

图 2-8　"极轴追踪"选项卡

"增量角"：在下拉列表框中，可以设置极轴角度的模数，在制图过程中所追踪到的
极轴角度将是此模数的倍数。

"附加角"：在设置增量角后，仍然会有一些角度不等于增量值的倍数。对于这些特
定的角度值，勾选"附加角"复选框后，可以单击"新建"按钮，最多可以添加 10 个新
的角度；从而使得追踪到的极轴角度更加全面。

"绝对"：极轴角的绝对测量模式。点选此模式后，系统将以当前坐标系下的 X 轴
为基轴计算所追踪的角度。

"相对上一段"：极轴角的相对测量模式。点选此模式后，系统将以用户前一个绘制
的图形为起始轴计算出所追踪到的相对于此图形的角度。

（2）极轴捕捉的使用

在"草图设置"对话框中的"捕捉和栅格"选项卡中，勾选捕捉类型中的"PolarSnap

（极轴捕捉）"。随即激活"极轴间距"选项区中的"极轴距离"文本框。在此设置极轴捕捉的间距，从而在整个极轴坐标系中，用户可以自行精确设置极轴的长度和极轴的角度，并根据极轴追踪线更加便捷准确地定位新的点。

打开正交模式时，光标只能沿着水平或垂直方向移动。所以在 AutoCAD 中，正交模式和极轴追踪模式不能同时开启。

2. 对象捕捉追踪

对象捕捉追踪是以对象的某些特征点为基准点，在这些基准点的正交方向或极轴方向上形成追踪线，用户可以根据这些追踪线定位所需要的点。

单击状态栏中的 ∠ 按钮或快捷键"F11"打开对象捕捉追踪，如图 2-8 所示，"对象捕捉追踪设置"选项组中有两个选项供用户选择：仅正交追踪和用所有极轴角设置追踪。

"仅正交追踪"：点选后，系统将仅在水平和垂直方向上对捕捉点进行追踪，但切线和延长线追踪等不受影响。

"用所有极轴角设置追踪"：点选后，系统将按极轴设置的角度进行追踪。

2.3 图 层 设 置

2.3.1 图层特性管理器

图层特性管理器用于图层的控制与管理，绘图区任何图像都是由不同的图层组成，图层特性管理器启动方法如下。

（1）下拉菜单选择"格式"|"图层"命令。

（2）"图层"工具栏，单击图层特性管理器按钮。

（3）命令名，LAYER（或 LA）。

启动命令后，弹出"图层特性管理器"对话框，如图 2-9 所示。

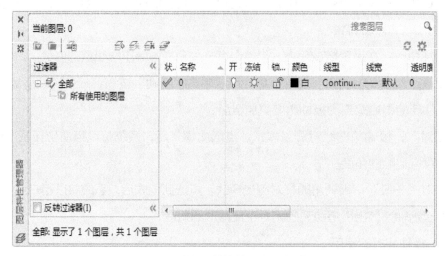

图 2-9　"图层特性管理器"对话框

2.3.2　创建修改图层

在"图层特性管理器"中，单击 按钮可以创建一个新的图层，列表将显示名为"图层 1"的图层，用户可修改新的图层名称。双击新图层的颜色，可对线形和线宽可以进行自定义修改。以建筑制图为例，建议按以下列表进行设定，如表 2-2 所示。

表 2-2　图层列表

名　　称	颜　　色	线　　形	线　　宽
墙线	红色	Continuous	0.35
中实线	黄色	Continuous	0.15
细实线	青色	Continuous	0.05
虚线	洋红	ACADIS002W100	0.05
看线	8 号灰色	Continuous	0.05
文字	9 号灰色	Continuous	0.05
轴线	14 号红色	ACADIS004W100	0.05
标注	绿色	Continuous	0.05

2.3.3　图层状态

在"图层特性管理器"中点击 按钮即可删除当前图层，点击 按钮切换到当前视图，即绘制时所使用的视图。

在"图层特性管理器"中的对话框中单击 图标，可以控制视图的可见性，图层打开时，图标小灯泡呈鲜艳的颜色，表示该图层绘图区可以显示。当单击该属性图标后，小灯泡呈灰色，表示该图层绘图区不显示，而且不能被打印输出。

在"图层特性管理器"中单击 和 按钮，表示"冻结／解冻"当前图层。图层打开时图标为太阳，单击后图标变成雪花，当前图层被冻结。再次单击图标变回太阳，当前图层被解冻，冻结图层在绘图区不显示，不能打印，也不能编辑或修改该图层上的图形对象。

在"图层特性管理器"上单击 或 图标，可以锁定和解锁图层，单击锁定，再次单击即解锁。锁定图层后该图层在绘图区依然可以显示，也可以打印输出，并且用户还可以在该图层上绘制新的图层，但不能对该图层进行修改和编辑操作。图层锁定可以防止对图层进行意外修改。

2.4　制图前期准备

2.4.1　图形界限的设定

图形界限是指绘图区域，CAD 制图时需要确定图形的边界，规定作图范围。

在开始作图之前，我们需要设置出作图范围，图形界限也可以根据实际情况进行调整。设置图形界限的方法如下。

（1）菜单栏，选择"格式"丨"图形界限"命令。

（2）命令名，LIMITS。

启动命令后，命令提示行进行如下操作：

命令：LIMITS

重新设置模型空间界限：

指定左下角点或 [开（ON）/ 关（OFF）] <0.0000,0.0000>: 0,0

指定右上角点 <420.0000,297.0000>: 420,297

在左下角与右上角确定的矩形区域即为图形界限，如上操作，我们设定的图形区域为 420mm×297mm，这也是国际 A3 图纸大小。

在 AutoCAD 中，图形界限的设置没有大小的限制，所绘制图形的大小也不受图形界限的限制，图形可以绘制到图形界限以外。

2.4.2 工具选项设置

在使用 AutoCAD 软件绘图之前，用户可以根据自己的习惯对工具选项进行设置，以确保制图过程方便快捷。常见的调整有改变绘图窗口背景颜色、设置文件的自动保存时间、字体的大小以及十字光标大小等。

调出选项对话框方法如下。

（1）下拉菜单，选择"工具"丨"选项"命令。

（2）命令名，OPTIONS（或 OP）。

启动命令后会弹出"选项"对话框，如图 2-10 所示。在此对话框中可以设置绘图系统，用户可以对一些重要选项配置进行设置。

"文件"选项卡中，"自动保存文件位置"下拉栏里能够看到图形文件自动保存的路径，如果制图过程中出现意外情况导致文件丢失，可通过此路径找回。单击"浏览"按钮即可自行修改文件的储存位置。

"显示"选项卡用来调节制图工作界面的显示状态、显示精度以及十字光标大小等，如图 2-11 所示。

在"显示"栏中可以通过选择"窗口元素"丨"颜色"，打开图形窗口颜色选项卡改变绘图区颜色。在"颜色"下拉列表中选择某种颜色，如黑色，单击"应用并关闭"按钮，即可将绘图区背景色改为黑色，如图 2-12 所示。

改变十字光标大小可以在"显示"丨"十字光标大小"中进行调节，拖动滑块或是在文本框中直接输入数值，即可对十字光标大小进行调整。

图 2-10　选项 | 文件

图 2-11　选项 | 显示

选择"打开和保存",如图 2-13 所示,勾选"文件安全措施"选项组中的"自动保存"选项(默认已打勾),在其文本框中可以输入自动保存的间隔分钟数,建议设置为 30 分钟。在"临时文件的扩展名"中可以改变临时文件的扩展名,默认为 ac\$。"文件打开"选项组的"最近使用的文件数"文本框中可以输入最近保存文件数量,默认是 9,表示在菜单栏下的历史记录里记录了最近的 9 项文件。

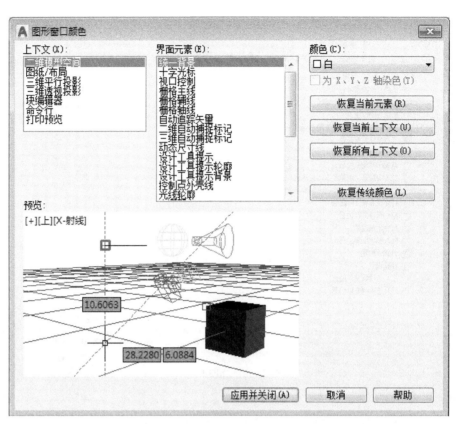

图 2-12　"图形窗口颜色"对话框

图 2-13　选项 | 打开和保存

在"用户系统配置"当中选择"Windows 标准操作"，勾选"绘图区域中使用快捷菜单"，单击"自定义右键单击"按钮可调出"自定义右键单击"对话框，此对话框可以自定义鼠标右键。建议根据图 2-14 进行调节设定，这样在绘图过程中没有选择对象或是编辑对象的时候，单击鼠标右键可以重复上一次命令，执行命令时单击鼠标右键表示确认，熟练掌握可提高制图效率。

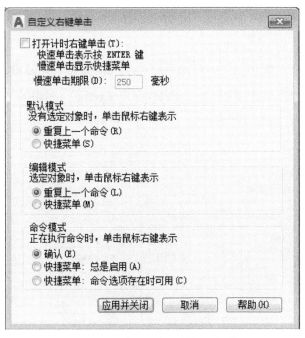

图 2-14 "自定义右键单击"对话框

"绘图"选项卡中可调节绘图时十字光标在自动捕捉与捕捉时，捕捉标记以及靶框的大小，建议使用默认数据，如图 2-15 所示。

图 2-15 选项 | 绘图

2.5　AutoCAD 2017 新增功能

AutoCAD 2017 新增了许多特性，例如平滑移植、PDF 支持等。本章介绍了其主要的新增功能及用途。

2.5.1　平滑移植

AutoCAD 2017 新增功能中，开始页面会出现移植自定义设置，移植设置更有利于新旧文件的管理。新的移植界面将 AutoCAD 自定义设置，使得用户可以从中生成移植所需报告的组和类别，方便用户进行选择，如图 2-16 所示。

图 2-16　移植自定义设置

出现移植自定义设置界面以后，用户可以根据需要将早期版本中的自定义设置和文件移植到 AutoCAD 2017 中，如图 2-17 所示，它可以清楚地检测并标识文件中的自定义设置，方便用户勾选设置。

图 2-17　移植文件选择

如果用户不想从早期的版本中移植设置，也可以重新在开始菜单中访问重置工具重新打开 AutoCAD 2017 开始页面。

2.5.2　PDF 支持

AutoCAD 2017 中新增了 PDF 输入、输出功能，用户可以将几何图形、填充、光栅图像和 TrueType 文字转换为 PDF 文件输入到当前绘制的图形中，从快速访问工具栏中

选择输入 PDF，如图 2-18 所示，然后用光标进 [选择 PDF 参考底图或]，按键盘"↓"方向键
出现 [● 文件(F)]，点击鼠标左键选择，弹出对话框找到所需要添加的 PDF 文件，如图
2-19 所示。

图 2-18　输入 PDF

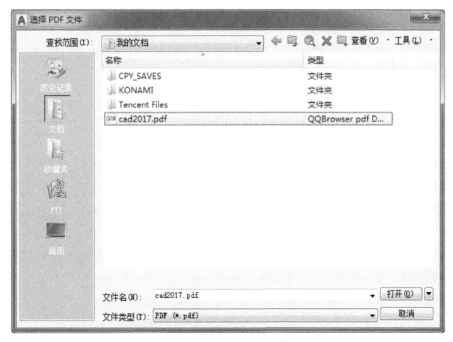

图 2-19　选择 PDF 文件

PDF 数据可以来自当前图形中附着的 PDF，也可以来自任何指定的 PDF 文件，如图 2-20 所示。数据精确度受限于 PDF 文件的精度和支持的对象类型的精度，但某些特性（例如 PDF 比例、图层、线宽和颜色）可以保留。

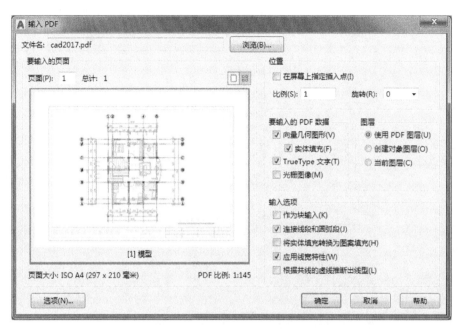

图 2-20 输入 PDF 文件

在 CAD 中绘制的图形，也可以输出为 PDF 格式的文件，如图 2-21 所示。选择需要输出的文件以后，在另存为 PDF 页面点击"保存"键，如图 2-22 所示。

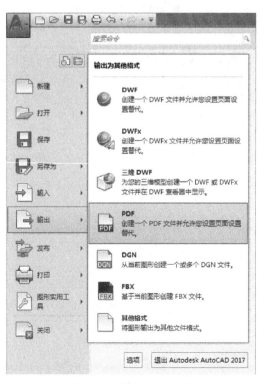

图 2-21 输出 PDF 文件

图 2-22　另存为 PDF

2.5.3　共享设计视图

　　共享设计视图，是指用户将设计视图匿名名布到 Autodesk A360 内的安全位置，向指定的人员转发生成的链接来共享设计视图，不再需要向对方发布 DWG 文件本身就可以实现设计视图分享。首先需要从开始界面中登录到 A360，如图 2-23 所示。

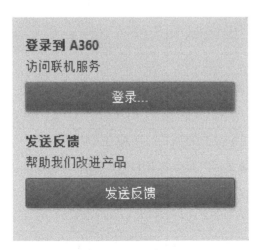

图 2-23　登录到 A360

　　点击登录以后输入相应的账号和密码，如图 2-24 所示，在共享设计视图中支持任何 Web 浏览器对这些视图的访问，并且不会要求收件人具有 Autodesk A360 账户或安装任何其他软件。支持的浏览器包括 Chrome、Firefox 以及支持 WebGL 三维图形的其他浏览器。

图 2-24　登录账户

2.5.4　关联中心标记和中心线

用户在使用 CAD 时可以创建与圆弧和圆关联的中心标记，以及与选定的直线和多段线线段关联的中心线。出于兼容性考虑，此功能并不会替换用户当前使用的方法，只是作为替代方法使用。

2.5.5　协调模型：对象捕捉支持

用户可以使用标准二维端点和中心对象捕捉在附着的协调模型上指定精确位置。此功能仅适用于 64 位的 AutoCAD。

2.5.6　用户界面

用户界面已添加以下便利条件来改善用户体验。

（1）可以调整以下对话框的大小：APPLOAD、ATTEDIT、DWGPROPS、EATTEDIT、INSERT、LAYERSTATE、PAGESETUP 和 VBALOAD。

（2）在多个用于附着文件以及保存和打开图形的对话框中扩展了预览区域。

（3）用户可以启用新的 LTGAPSELECTION 系统变量来选择非连续线型间隙中的对象。

（4）用户可以使用 CURSORTYPE 系统变量决定在绘图区域中使用 AutoCAD 十字光标，还是使用 Windows 箭头光标。

（5）用户可以在"选项"对话框的"显示"选项卡中指定基本工具提示的延迟计时。

（6）用户可以轻松地将三维模型从 AutoCAD 发送到 Autodesk Print Studio，以便为三维打印自动执行作最终准备。Print Studio 支持包括 Ember、Autodesk 的高精度、高品质（25 微米表面处理）解决方案。此功能仅适用于 64 位 AutoCAD。

2.5.7　性能增强功能

性能增强功能包括以下四个方面。

（1）已针对渲染视觉样式（尤其是内含大量包含边和镶嵌面的小块模型）改进了 3DORBIT 的性能和可靠性。

（2）二维平移和缩放操作的性能得到改进。

（3）线型的视觉质量得到改进。

（4）跳过内含大量线段的多段线的几何图形中心（GCEN）的计算，提高了对象捕捉的性能。

第 3 章
循序渐进——二维绘图与编辑

3.1　二维图形的绘制

3.1.1　绘制点

1. 调整点样式

在菜单栏中，选择"格式"|"点样式"，即可调出"点样式"对话框，如图 3-1 所示。在此对话框中，用户可以更改点的样式和大小。

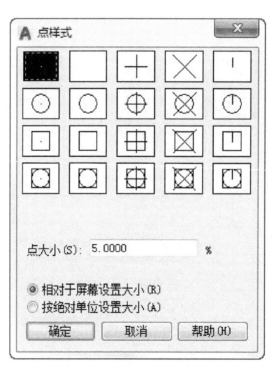

图 3-1　"点样式"对话框

"点样式"对话框中提供了 20 种点样式可供用户选择。

"相对于屏幕设置大小"：按屏幕尺寸的百分比设置点的大小。点选此按钮，点大小的文本框为 点大小(S): [5.0000] % ，在此文本框中输入数值即可调整点的大小。

"按绝对单位设置大小"：按实际的单位尺寸设置点的大小。点选此按钮，点大小的文本框为 点大小(S): [5.0000] 单位 ，输入数值即可调整点的大小。

2.绘制点

在 AutoCAD 2017 中，点的绘制有单点、多点、定数等分和定距等分 4 种。

"单点"：打开"绘图"|"点"|"单点"命令，用户可在绘图区一次定义一个点。

"多点"：打开"绘图"|"点"|"多点"命令，用户可在绘图区一次定义多个点。

"定数等分"：打开"绘图"|"点"|"定数等分"命令，用户可根据需要为指定的图形添加指定数量的等分点或在等分点处插入块。

"定距等分"：打开"绘图"|"点"|"定距等分"命令，用户可根据需要为指定的图形添加指定距离的等分点或在等分点处插入块。

3.1.2　绘制直线

直线是图形中最简单、最基本的绘制对象。选择"绘图"|"直线"命令或点击工具栏中的 ⟋ 按钮，也可以直接输入"L"便可激活直线命令。用户可以使用该命令绘制一条或连续多条直线。

命令：LINE

指定第一点：（在绘图区确定一个起始点）

指定下一点或 [放弃（U）]:（确定直线的第二个点）

指定下一点或 [放弃（U）]:（确定直线的第三个点）

指定下一点或 [闭合（C）/ 放弃（U）]:（选择继续或按"C"键闭合直线，再或者按"Enter"键完成绘制。）

3.1.3　绘制矩形

选择"绘图"|"矩形"命令，或单击工具栏中的 [▭▾] 按钮，也可以输入"REC"开启矩形命令。

命令：RECTANG

指定第一个角点或 [倒角（C）/ 标高（E）/ 圆角（F）厚度（T）/ 宽度（W）]:

指定另一个角点或 [面积（A）/ 尺寸（D）/ 旋转（R）]:

"倒角（C）"：设置矩形各个角的倒角尺度，从而绘制带倒角的矩形。

"标高（E）"：设置矩形在 Z 平面的高度。

"圆角（F）"：设置矩形各个角为圆角，从而绘制带圆角的矩形。

"厚度（T）"：设置矩形在 Z 轴方向上的高度。

"宽度（W）"：设置矩形边的宽度。

"面积（A）"：设置矩形的面积。

"尺寸（D）"：设置矩形的长和宽。

"旋转（R）"：通过设定旋转的角度来绘制矩形。

3.1.4　绘制圆和圆弧

在 AutoCAD 2017 中，圆和圆弧都是比较基本但又很重要的图形元素。所以熟练掌握绘制圆和圆弧的技能非常重要。

1. 绘制圆

选择"绘图"|"圆"命令，或单击工具栏中的 按钮，也可以输入"C"开启圆命令。

AutoCAD 2017 为用户提供了 6 种绘制圆的方法。

（1）"圆心、半径"法。

开启圆命令后，系统默认的就是"圆心、半径"法。

命令：_CIRCLE 指定圆的圆心或 [三点（3P）/ 两点（2P）/ 切点、切点、半径（T）]：

指定圆的半径或 [直径（D）]：

通过此方法选定圆心后，再输入半径的值便可绘制圆。

（2）"圆心、直径"法。

与"圆心、半径"法类似，同样在 AutoCAD 2017 中，我们也可以通过指定圆的圆心和直径来绘制圆。

命令：_CIRCLE 指定圆的圆心或 [三点（3P）/ 两点（2P）/ 切点、切点、半径（T）]：

指定圆的半径或 [直径（D）]：d

指定圆的直径：

（3）"两点"法。

指定两个端点来确定圆的直径，从而绘制圆。

命令：_CIRCLE 指定圆的圆心或 [三点（3P）/ 两点（2P）/ 切点、切点、半径（T）]：2p

指定圆直径的第一个端点：

指定圆直径的第二个端点：

（4）"三点"法。

指定圆上的三个点来确定一个圆。

命令：_CIRCLE 指定圆的圆心或 [三点（3P）/ 两点（2P）/ 切点、切点、半径（T）]：3p

指定圆上的第一个点：

指定圆上的第二个点：

指定圆上的第三个点：

（5）"相切、相切、半径"法。

利用与圆相切的两条边和圆的半径来绘制圆。在使用这种方法绘制圆时，有时命令提示行会显示"圆不存在"，说明系统找不到符合条件的圆。有时也会有多个符合条件的圆。

命令：_CIRCLE 指定圆的圆心或 [三点（3P）/ 两点（2P）/ 切点、切点、半径（T）]：t

指定对象与圆的第一个切点：

指定对象与圆的第二个切点：

指定圆的半径：

（6）"相切、相切、相切"法。

利用与圆相切的三条切线来绘制圆。

命令：_CIRCLE 指定圆的圆心或 [三点（3P）/ 两点（2P）/ 切点、切点、半径（T）]：

3p

指定圆上的第一个点：tan 到

指定圆上的第二个点：tan 到

指定圆上的第三个点：tan 到

2. 绘制圆弧

在 AutoCAD 2017 中，圆弧的绘制需要指定圆的圆心和半径，还有圆弧的起点和终点，同时还要注意圆弧的方向性是顺时针还是逆时针。选择"绘图"｜"圆弧"命令，或单击工具栏中的 按钮，也可以输入"A"开启圆弧命令。

系统为用户提供了 10 种绘制圆弧的方法。

（1）"三点"法。

指定圆弧的起点、圆弧上的一点和圆弧的端点来绘制圆弧。

命令：_ARC 指定圆弧的起点或 [圆心（C）]：

指定圆弧的第二个点或 [圆心（C）/ 端点（E）]：

指定圆弧的端点：

（2）"起点、圆心、端点"法。

指定圆心和圆弧的起点和端点来绘制圆弧。

命令：_ARC 指定圆弧的起点或 [圆心（C）]：

指定圆弧的第二个点或 [圆心（C）/ 端点（E）]：c 指定圆弧的圆心：

指定圆弧的端点或 [角度（A）/ 弦长（L）]：

（3）"起点、圆心、角度"法。

指定圆心、圆弧的起点和圆弧所对圆心角的度数来绘制圆弧。

命令：_ARC 指定圆弧的起点或 [圆心（C）]：

指定圆弧的第二个点或 [圆心（C）/ 端点（E）]：c 指定圆弧的圆心：

指定圆弧的端点或 [角度（A）/ 弦长（L）]：a 指定包含角：

（4）"起点、圆心、长度"法。

指定圆心、圆弧的起点以及圆弧的弦长来绘制圆弧。其中，弦长不得超过圆弧的直径。

命令：_ARC 指定圆弧的起点或 [圆心（C）]：

指定圆弧的第二个点或 [圆心（C）/ 端点（E）]：c 指定圆弧的圆心：

指定圆弧的端点或 [角度（A）/ 弦长（L）]：l 指定弦长：

（5）"起点、端点、角度"法。

指定圆弧的起点、端点和圆弧所对的圆心角的角度来绘制圆弧。

命令：_ARC 指定圆弧的起点或 [圆心（C）]：

指定圆弧的第二个点或 [圆心（C）/ 端点（E）]：e

指定圆弧的端点：

指定圆弧的圆心或 [角度（A）/ 方向（D）/ 半径（R）]：a 指定包含角：

（6）"起点、端点、方向"法。

指定圆弧的起点、端点和起点的切线方向来绘制圆弧。

命令：_ARC 指定圆弧的起点或 [圆心（C）]：

指定圆弧的第二个点或 [圆心（C）/ 端点（E）]：e

指定圆弧的端点：

指定圆弧的圆心或 [角度（A）/ 方向（D）/ 半径（R）]：d 指定圆弧的起点切向：

（7）"起点、端点、半径"法。

指定圆弧的起点、端点和半径绘制圆弧。

命令：_ARC 指定圆弧的起点或 [圆心（C）]：

指定圆弧的第二个点或 [圆心（C）/ 端点（E）]：e

指定圆弧的端点：

指定圆弧的圆心或 [角度（A）/ 方向（D）/ 半径（R）]：r 指定圆弧的半径

（8）"圆心、起点、端点"法。

指定圆弧的圆心、起点和端点绘制圆弧。

命令：_ARC 指定圆弧的起点或 [圆心（C）]：

指定圆弧的起点：

指定圆弧的端点或 [角度（A）/ 弦长（L）]：a

（9）"圆心、起点、角度"法。

指定圆弧的圆心、起点和角度绘制圆弧。

命令：_ARC 指定圆弧的起点或 [圆心（C）]：

指定圆弧的起点：

指定圆弧的端点或 [角度（A）/ 弦长（L）]：i

（10）"继续"法。

系统会以最后一次绘制的线段或圆弧的终点作为新圆弧的起点，并以该线段的方向或圆弧的终点处的切线方向作为新圆弧在起始点的切线方向，再通过指定圆弧上的另一点绘制圆弧。

命令：_ARC 指定圆弧的起点或 [圆心（C）]：

指定圆弧端点

如果在工具栏单击"绘制圆弧"或命令行输入"ARC"启动圆弧，命令行则显示：

命令：_ARC 指定圆弧的起点或 [圆心（C）]：

按"Enter"键，然后输入或选取圆弧的端点，也可以启动"继续"命令绘制圆弧。

3.1.5　绘制多线

绘制多线需要注意两平行线之间的偏移距离、线型和颜色以及是否用不同的半圆封闭端点、是否显示连接点和端点的直线。

选择"绘图"|"多线"命令，也可以输入"MLINE"或"ML"开启多线命令。

命令：MLINE

设置：对正 = 上，比例 =20.00，样式 =STANDARD

指定起点或 [对正（J）/ 比例（S）/ 样式（ST）]：

输入或鼠标选定多线的起点，或者设置多点的参数。

1. 设置对正

在绘制多线命令后，输入"J"，按"Enter"键，设置多线的对正。

输入对正类型 [上（T）/ 无（Z）/ 下（B）]＜上＞：

"上（T）"：从左向右或从右向左绘制多线时，多线上顶端会随着光标的移动而移动。

"无（Z）"：光标会随着多线中间的光标进行移动。

"下（B）"：从左向右或从右向左绘制多线时，多线下顶端会随着光标的移动而移动。

2. 设置比例

打开绘制多线命令，输入"S"，按"Enter"键，设置多线的比例。

输入多线比例 <20.00>：　（输入比例值）

3. 设置样式

打开绘制多线命令，输入"ST"，按"Enter"键，设置多线样式。

输入多线样式名或 [?]：

选择"格式"|"多线样式"，即可调出"多线样式"对话框，如图 3-2 所示。

图 3-2　"多线样式"对话框

"当前多线样式"：显示当前多线样式的名称。

"样式"：窗口中显示已加载到图形中的多样性样式列表。

"说明"：显示选定多线样式的说明。

"预览"：显示选定多线样式的名称和图案预览。

"置为当前"：从"样式"列表中选择一种样式，可以设置为当前使用的样式。

"新建"：创建新的多线样式，点击后弹出"创建新的多线样式"对话框，如图
3-3 所示：

图 3-3　"创建新的多线样式"对话框

"新样式名"：在该栏中可以设置新样式命名。

"基础样式"：在该栏中可以确定新样式的基础样板，即在该栏基础样板上加以修改。

点击"继续"命令后，出现"新建多线样式"的对话框，如图 3-4 所示。在该对话框中
可以设置多线的封口状态、元素（直线的数目）、偏移量、线型、颜色等。

图 3-4　"新建多线样式"对话框

"修改"：出现"修改多线样式"的对话框，如图 3-5 所示。其中的各项命令与"新建多线样式"对话框相同。

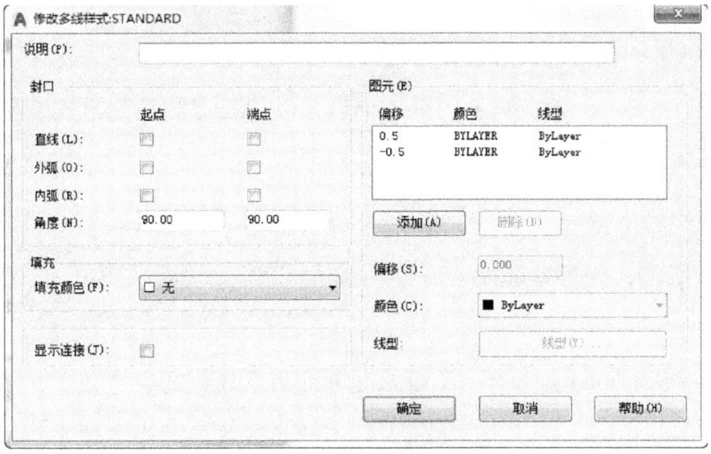

图 3-5　"修改多线样式"对话框

3.1.6　绘制多段线

在 AutoCAD 2017 中多段线是由线段与弧组成的，其中每段线段都是整体的一个部分，在对多段线进行编辑时，只需要选取其中一段线编辑，整个多段线都会发生变化。多段线的特点是能够控制线宽。

多线是指多条互相平行的直线组成的一个单一的对象。

1. 多段线

选择"绘图"I"多段线"命令，或单击工具栏中的 按钮，也可以输入"PLINE"或"PL"开启矩形命令。

指定起点：

当前线宽为 0.0000

指定下一个点或 [圆弧（A）/半宽（H）/长度（L）/放弃（U）/宽度（W）]：

2. 绘制多段线圆弧

点击绘制多段线，先在指定起始点输入"A"，按"Enter"键，进入绘制圆弧模式。

指定圆弧的端点或[角度（A）/圆心（CE）/方向（D）/半宽（H）/直线（L）/半径（R）/第二个点（S）/放弃（U）/宽度（W）/]：

绘制圆弧的方式如下。

指定圆弧端点：前一条线段的终点为圆弧的起点，通过指定另一点作为圆弧的终点，前一线段的终止方向作为新圆弧的起始方向。

"角度"（A）：指定所绘圆弧包含的圆心角的角度，在默认的情况下，输入正值则为逆时针绘制，输入负值则为顺时针绘制。

"圆心"（CE）：指定圆弧的圆心位置。

"方向"（D）：指定圆弧的起点方向，用以替代默认前一条线段的方向。

"半宽"（H）：指定多段线宽度的一半。

"直线"（L）：返回到直线段的状态。

"半径"（R）：指定所绘圆弧的半径。

"第二个点"（S）：指定圆弧的第二个点，以"三点圆弧"方式绘制一段圆弧。

"宽度"（W）：指定多段线的宽度。

3. 设置多段线的半宽

点击绘制多段线，先指定起始点，然后输入"H"，点击"Enter"键进入设置多段线的半宽。

指定起点半宽 <1.0000>：　1　（输入起点处的多段线的半宽值）

指定端点半宽 <1.0000>：　5　（输入终点处的多段线的半宽值）

4. 设置多段线的长度

点击绘制多段线，先指定起始点，然后输入"L"，点击"Enter"键进入，设置多段线的长度。

指定直线长度：　（输入直线长度或鼠标选择直线段的端点）

5. 设置多段线的宽度

点击绘制多段线，先指定起始点，然后输入"W"，点击"Enter"键进入，设置多段线的宽度。

指定起点半宽 <4.0000>：　2　（输入起点处的多段线的宽度值）

指定端点半宽 <2.0000>：　2　（输入终点处的多段线的宽度值）

3.1.7　绘制构造线

构造线是两端无限延伸的直线，没有起点和终点。

1. 绘制构造线命令

绘制构造线的命令有 3 种：①选择"绘图"|"构造线"命令；②单击工具栏中的

按钮；③输入"xline"开启矩形命令。

命令：XLINE

指定点或 [水平（H）/ 垂直（V）/ 角度（A）/ 二等分（B）/ 偏移（O）]

2. 绘制构造线的方法

系统为用户提供了 5 种绘制构造线的方法。

（1）"两个指定点"法。

两个指定点法是通过输入两点定义构造线的位置。

（2）"水平"法或"垂直"法。

此方法是绘制平行于当前坐标系 X 轴或 Y 轴的构造线，只需确定一个点即可。

（3）"角度"法。

指定与选定参照线之间的夹角，创建构造线。在默认的情况下逆时针为正。

点击绘制构造线命令后，输入"A"，按"Enter"键，进入角度方法。

输入构造线的角度（0）或参照（R）

在制图中可以输入一个角度值，然后指定构造线的通过点，绘制与当前坐标系 X 轴成一定角度的构造线。若要绘制与已知直线成指定角度的构造线，则输入"R"，按"Enter"键，命令行提示选择直线对象并指定构造线与直线的夹角，然后指定通过的点来绘制构造线。

（4）"角平分线"法。

角平分线法是绘制平分角度的构造线。经过选定的角定点，并且将选定的两条线之间的夹角平分。

（5）"偏移"法。

偏移法是绘制平行于直线的构造线。

点击绘制构造线命令后，输入"O"，按"Enter"键，进去偏移。

指定偏移距离或 [通过（T）] ＜通过＞：

此时可以由键盘输入偏移距离后在指定偏移方向或选择"通过"方法，绘制通过某点的构造线。

3.1.8　绘制样条曲线

在 AutoCAD 2017 中样条曲线是一系列给定点的光滑曲线。AutoCAD 2017 中样条曲线分为拟合点绘制　或控制点绘制　。

1. 绘制样条曲线命令

绘制样条曲线的命令有 3 种：①选择"绘图"|"样条曲线"命令；②单击工具栏中

的 ![按钮] 或 ![按钮] 按钮；③输入"SPLINE"或"SPL"开启样条曲线命令。

命令：SPLINE

指定第一个点或 [对象（O）]：

2.绘制样条曲线方法

系统为用户提供了 3 种绘制构造线的方法。

（1）"直接"法。

在命令行提示下，输入或鼠标选取样条曲线的第一个点。

指定下一点或 [闭合（C）/ 拟合公差（F）] < 起点方向 >：（输入或鼠标输入下一点）

指定起点切向：（移动鼠标或鼠标选取点，单击来指定曲线在起点处的切线方向）

指定端点切向：（移动鼠标或鼠标选取点，单击来指定曲线在端点处的切线方向）

此时就完成指点拟合点的样条曲线的绘制。

（2）"转换"法。

点击样条曲线命令后，输入"O"，按"Enter"键选择"对象"模式。

选择要转换为样条曲线的对象：

鼠标选取经编辑多段线命令 PEDIT 中的"样条曲线"选项编辑转换过的多段线。

选择对象：找到 1 个

鼠标继续选取下一个对象，完成样条曲线的转换。

（3）"点控"法。

点击样条曲线控制点命令后，输入或鼠标选取样条曲线第一点。

指定下一点后拖动鼠标在绘图区域持续指定下一点

在命令行输入闭合参数"C"并按"Enter"或直接按"Enter"。

3.2　二维图形的编辑

3.2.1　删除

修改命令是 AutoCAD 2017 中最常用的命令之一，如果我们想删除某个对象可以先选中对象，然后点击修改命令面板上的 ![按钮]，或者选中要删除的对象后直接按键盘上的"Delete"键。也可先执行删除命令，再选择要删除的对象。

3.2.2　复制

复制、镜像、偏移以及阵列对象命令都具有复制图形的功能。

"复制"命令可以将被选中的图形在图形空间的内部随意地进行单个或者多个复制，可进行按照指定方向指定距离进行精确的复制。

"复制"命令的使用方法有 3 种：①选择"修改"→"复制"命令；②在修改工具栏中单击按钮 ![按钮] 进行复制；③在命令行中输入"COPY"或者"CO"，然后按下空格键或者回车键。

启动该命令之后，命令行显示如下：

选择对象：（即选择你所想要复制的图形）

当前设置：复制模式 = 多个（列出当前复制的设置）

指定基点或 [位移（D）/ 模式（O）]< 位移 >：（指定复制时的基点位置或者选择复制模式）

执行该命令时，首先要选择对象，然后指定位移的基点和位移矢量。基点既可以是某一个指定对象上的特征点，也可以是指定图形中的某一个任意的点。实际的操作过程中，指定某一个对象上的特征点比较方便。

3.2.3 镜像

在 AutoCAD 2017 中"镜像"命令可以简单地理解为对称复制选定的图形，它用于创建与指定的轴线对称的对象。

"镜像"命令的使用方法有 3 种。①选择"修改"|"镜像"命令。②在修改工具栏中单击按钮 ⚖ 进行镜像。③在命令行中输入"MIRROR"或者"MI"，然后按下空格键或者回车键。

启动该命令之后，命令行显示如下：

选择对象：（即选中你所想要镜像的对象）

选择对象：（可以继续选择对象，如果已经选择完成对象，直接按回车键即可）

指定镜像的第一点：（输入或者鼠标选取镜像轴上的第一点）

指定镜像的第二个点（输入或者鼠标选取镜像轴上的第二点）

要删除源对象吗？[是（Y）/ 否（N）]：（表示是否删除源对象，如果不删除直接按回车键）

这样就绘制了与所选对象关于指定两点所在直线为镜像轴的镜像对象。

MIRRTEXT 可以控制文本对象是否进行镜像操作。当该变量值是 1 时，文本对象跟其他对象一样作镜像处理；当变量的值为 0 时，文本对象不作镜像处理。

3.2.4 偏移

在 AutoCAD 中"偏移"命令可以对指定的直线、圆弧以及圆等对象作同心偏移复制。

"偏移"命令的使用方法有 3 种：①选择"修改"→"偏移"命令；②在修改工具栏中单击按钮 ⚖ 进行偏移复制；③在命令行中输入"OFFSET"或者"O"，然后按下空格键或者回车键。

启动该命令之后，命令行显示如下：

当前设置：删除源 = 否 图层 = 源 OFFSETGAPTYPE=0

指定偏移距离或 [通过（T）/ 删除（E）/ 图层（L）]< 通过 >：（此时可以输入一

个偏移距离或指定一个选项）

"偏移"命令可以偏移的对象包括直线、射线、构造线、圆、圆弧、二位多段线以及椭圆等，该命令对三围面或三围对象无效。

3.2.5 阵列

阵列命令用于将所选的对象按照矩形、环形或路径方式进行多重复制。每种不同阵列的类型所需的约束条件也不一样。例如，当使用矩形阵列时，需要指定行数、列数、行间距和列间距。

"阵列"命令的使用方法有 3 种：①选择"修改"|"阵列"命令；②在修改工具栏中单击按钮 ▦ 进行阵列；③在命令行中输入"ARRAY"或者"AR"，然后按下空格键或者回车键。

AutoCAD 2017 版本中阵列命令跟以往的版本相比有了很大的变化。AutoCAD 2010 及以往版本中阵列命令输入后系统会自动弹出一个阵列对话框，而在 2012 的版本中没有了阵列对话框，取而代之的是直接在命令行中操作。而 2014、2015 以及 2016 的版本中，可以手动选择"ARRAYCLASSIC"来弹出阵列对话框。AutoCAD 2017 中在选择不同的阵列命令后，会出现与其相对应命令的对话框（见图 3-6）。

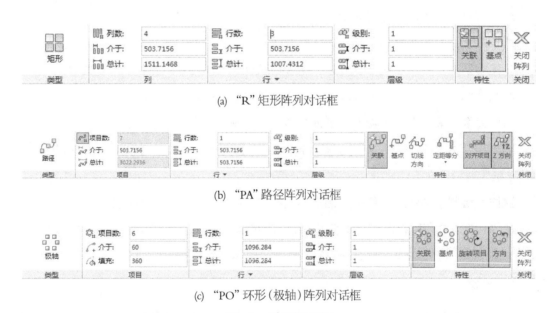

(a) "R"矩形阵列对话框

(b) "PA"路径阵列对话框

(c) "PO"环形（极轴）阵列对话框

图 3-6　陈列对话框

如若不习惯使用，可以用 2016 的 AcArray.arx 文件替换 2017 的相同文件，回到原来的阵列命令，这样可以避免阵列模式不同带来的不便，对新的变化我们在这里还是要进行详细的介绍。

阵列的图标下方有个黑色的小三角，代表这个图标下方还有图标命令。我们用鼠标点击阵列图标不放可以发现还有另外两个图标弹出，分别为 ⌐ 和 ▦，前者代表"路径阵列"，后者代表"环形阵列"，而之前的 ▦ 图标则代表矩形阵列。接下来分别介绍这三种阵列的使用方法。

1. 矩形阵列

点击"矩形阵列"命令按钮，命令行显示如下，使用该命令前后效果如图3-7、图3-8所示。

选择对象：（选择要阵列的对象）

选择对象：（可以继续选择要阵列的对象）

为项目数指定对角点或 [基点（B）/ 角度（A）/ 计数（C）]< 计数 >：（可直接于矩形对话框进行操作）

输入行数或 [表达式（E）]：（输入行的数量）

输入列数或 [表达式（E）]：（输入列的数量）

指定对角点以间隔项目或 [间距（S）]< 间距 >：（输入间距）

指定行之间的距离或 [表达式（E）]：（输入行间距）

指定列之间的距离或 [表达式（E）]：（输入列间距）

按"Enter"键接受或 [关联（AS）/ 基点（B）/ 行（R）/ 列（C）/ 层（L）/ 推出（X）] 退出：

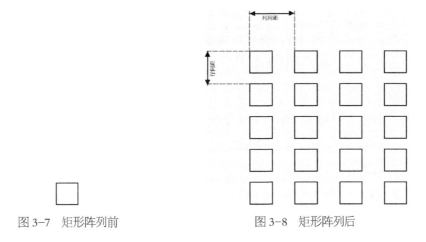

图3-7　矩形阵列前　　　　　　　　　　图3-8　矩形阵列后

2. 环形阵列

点击"环形阵列"命令按钮，命令行显示如下，使用该命令前后效果如图3-9、图3-10。

选择对象：（选择要阵列的对象）

选择对象：（可以继续选择要阵列的对象）

（可直接于环形阵列对话框进行操作）

指定阵列的中心或 [基点（B）/ 旋转轴（A）]：（指定一个作为环形阵列的中心的点）

输入项目数或 [项目间角度（A）/ 表达式（E）]：（输入一个阵列的数目）

指定填充角度（＋＝递时针、－＝递时针）或 [表达式（EX）]<360>：（输入一个

阵列的角度）

按"Enter"键接受或 [关联（AS）/基点（B）/项目（I）/项目间角度（A）/填充角度（F）/行（ROW）/层（L）/旋转项目（ROT）/退出（X）] 退出：

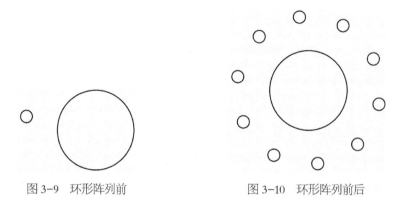

图 3-9　环形阵列前　　　　　　　图 3-10　环形阵列前后

3. 路径阵列

点击"路径阵列"命令按钮，命令行显示如下，使用该命令前后效果如图 3-11、图 3-12。

选择对象：（选择要阵列的对象）

选择对象：（可以继续选择要阵列的对象）

选择路径曲线：（选择作为阵列路径的样条线）

（可直接于路径阵列对话框进行操作）

输入沿路径的项目数或 [方向（O）/表达式（E）]< 方向 >：（输入阵列图形的个数）

指定沿路径的项目之间的距离或 [定数等分（D）/总距离（T）/表达式（E）]< 沿路径平均定数等分（D）>：（输入各个图形之间的间距，或者按照等分的方式进行计算）

按"Enter"键接受或 [关联（AS）/基点（B）/项目（I）/行（R）/层（L）/对齐项目（A）/z 方向（Z）/退出（X）] 退出：

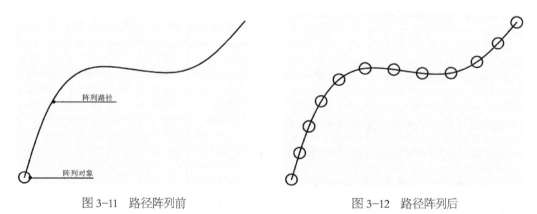

图 3-11　路径阵列前　　　　　　　图 3-12　路径阵列后

3.2.6　移动

移动命令可以将选定的图形沿着指定的方向和距离移动对象。

"移动"命令的使用方法有 3 种：①选择"修改"→"移动"命令；②在修改工具栏中单击按钮 ✛ 进行移动；③在命令行中输入"MOVE"或者"M"，然后按下空格键或者回车键。

启动该命令之后，命令行显示如下：

选择对象：（选择要进行移动的对象）

选择对象：（可以继续选择要进行移动的对象或者按回车键结束选择）

指定基点或 [位移（D）]< 位移 >:（指定位移的基点或按回车键进入"位移"模式）

3.2.7　旋转

"旋转"命令可以将对象绕着基点进行精确旋转。使对象绕其旋转从而改变方向的指定点称为基点。在默认的情况下，旋转角度为正时，所选对象按逆时针方向旋转。旋转角度为负时，所选对象按顺时针方向旋转。

"旋转"命令的使用方法有 3 种：①选择"修改"→"旋转"命令；②在修改工具栏中单击按钮 ⟳ 进行旋转；③在命令行中输入"ROTATE"或者"RO"，然后按下空格键或者回车键。

启动该命令之后，命令行显示如下：

UCS　当前的正角方向：ANGDIR＝逆时针　ANGBASE=0　（提示角度以逆时针方向为正，顺时针方向为负，旋转角度的 0° 方向与当前用户坐标系 X 轴正方向的夹角是 0°　）

选择对象：　（选择要进行旋转的对象）

选择对象：　（可以继续选择要进行旋转的对象或者按回车键结束选择）

指定基点：　（指定旋转对象时的基点）

指定旋转角度或 [复制（C）/ 参照（R）]<0>：（指定旋转角度或指定选项）

命令行中各项含义如下。

（1）"指定旋转角度"：指定对象绕基点旋转的角度。

（2）"复制（C）"：创建要旋转的对象副本，若要复制则保留源对象。

（3）"参照(R)"：通过指定相对角度的方式来旋转对象。在命令行提示下输入"r"，按回车键，命令行显示如下：

指定参照角 <0>：（输入参照角度值或按回车键使用当前值）

指定新角度或 [p] <0>：（输入新的角度值或输入"p"使用点选项）

值得注意的是，用户可以通过"图形单位"（注：打开图形单位对话框可输入快捷键"UN"）对话框中的"方向控制"设置，来决定在输入正角度值时是按顺时针方向还是逆时针方向旋转。旋转平面和零角度方向取决于当前用户坐标系的方位。如图 3-13 和图 3-14 所示。

图 3-13 图形单位对话框   图 3-14 方向控制对话框

"方向控制"对话框中默认的正东方向是 0°。我们可以通过选择"其他",然后在图形当中拾取一个随机的角度,来实现自定义角度。

移动命令和旋转命令只是改变了对象的位置,对象本身的实际大小并没有发生改变。

3.2.8 拉伸

"拉伸"命令可以在指定的方向上拉伸或者移动选取的对象,如图 3-15 和图 3-16 所示,将窗户通过拉伸命令从右侧移动到左侧。

图 3-15 拉伸前   图 3-16 拉伸后

"移动"命令的使用方法有 3 种:①选择"修改" | "拉伸"命令;②在修改工具栏中单击按钮 进行拉伸;③在命令行中输入"STRETCH"或者"S",然后按下空格键或者回车键。

启动该命令之后,命令行显示如下:

以交叉窗口或交叉多边形选择要拉伸的对象:

选择对象:(选择要拉伸的对象)

选择对象:(可以继续选择对象,或者按回车键结束对象选择)

指定基点或 [位移(D)]< 位移 >:(指定对象基点或者选择"位移"方式)

命令行中各项含义如下。

(1)"指定基点":指定图形当中的一个指定的或者任意的点作为基点,拉伸时将此点作为一个参照点进行拉伸,命令行如下:

指定第二个点或＜使用第一个点作为位移＞:

指定位移的第二点，或使用第一点的坐标值作为 X 方向、Y 方向、Z 方向的位移。

（2）"位移（D）": 以指定点的坐标值作为对象的偏移量。

3.2.9　缩放

"缩放"命令可以将选定的对象按照指定的比例相对于指定的基点进行放大或缩小，如图 3-17 和图 3-18 所示。

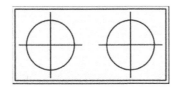

图 3-17　缩放前

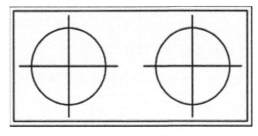

图 3-18　缩放后

"缩放"命令的使用方法有 3 种: ①选择"修改"|"缩放"命令; ②在修改工具栏中单击按钮 ▣ 进行缩放; ③在命令行中输入"SCALE"或者"SC"，然后按下空格键或者回车键。

启动该命令之后，命令行显示如下:

选择对象: （选择要进行缩放的对象）

选择对象: （可以继续选择要缩放的对象或者按空格 / 回车结束对象选择）

指定基点: （指定缩放时位置不变的基点）

指定比例因子或 [复制（C）/ 参照（R）]<1.0000>: （指定一个比例因子或者选择缩放方式）

这个时候有两种缩放方式可供选择。第一种是"指定比例因子"的方式，在命令行提示下，输入比例因子，按下回车键完成对象的缩放。如果输入的比例因子的值大于 1，则对象将被放大; 如果输入的比例因子的值介于 0 到 1 之间，则对象将被缩小。我们也可以通过拖动鼠标光标使物体放大或者缩小。第二种是按照"参照"方式，在命令行的提示下，输入"R"，选择"参照方式"，则此时命令行显示如下:

指定参照长度 <1.0000>: （指定缩放选定对象的起始长度）

指定新的长度或 [点（P）] <1.0000>:

（指定选定对象缩放到的最终长度，或输入"p"，使用两点来定义长度）

命令行中各项具体释义如下。

（1）"指定参照长度"：输入一个长度值作为参照的长度。该长度也可以用鼠标的两点来确定，指定的两点之间的长度即是新的参照长度。

（2）"指定新的长度"：输入一个新的长度。该长度即是缩放后的长度值。或者使用鼠标在图纸上指定一个新的点，则更改点与基点连线的长度即为新的长度。

（3）"点（P）"：通过指定两点来确定新长度，即可以选择不使用基点作为指定新长度的第一个点。

3.2.10 修剪

"修剪"命令可以通过指定的边界，修剪对象多余的部分。

"修剪"命令的使用方法有 3 种：①选择"修改"|"修剪"命令；②在修改工具栏中单击按钮 ┳ 进行修剪；③在命令行中输入"TRIM"或者"TR"，然后按下空格键或者回车键。

启动该命令之后，命令行显示如下：

当前设置：投影 =UCS，边 = 无 （提示行显示当前修剪命令的设置情况）

选择修剪边：

选择对象或 < 全部选择 >：（鼠标选择作为修剪边的对象或按回车键以全部对象作为潜在的修剪边界）

选择对象：（可以继续选择作为修剪的对象，或者按回车键结束选择）

选择要修剪的对象，或按住"Shift"键选择要延伸的对象或 [栏选（F）/ 窗交（C）/ 投影（p）/ 边（E）/ 删除（R）/ 放弃（U）]：

命令行中各项含义如下。

（1）"栏选（F）"：用栏选的方式选择要修剪的对象。

（2）"窗交（C）"：用窗交的方式选择要修剪的对象。

（3）"投影（P）"：用以指定修剪对象时使用的投影方式。

（4）"边（E）"：指定修剪对象时是否延伸模式。

（5）"删除（R）"：删除选定的对象。

（6）"放弃（U）"：用于放弃上一次的修剪操作。

3.2.11 延伸

"延伸"命令可以将对象延伸到指定的边界，它跟"修剪"命令是完全相反的。但是它也具有修剪的功能。

"延伸"命令的使用方法有 3 种：①选择"修改"→"延伸"命令；②在修改工具栏中单击按钮 ┅ 进行延伸；③在命令行中输入"EXTEND"或者"EX"，然后按下空格键或者回车键。

启动该命令之后，命令行显示如下：

当前设置：投影 =UCS，边 = 无

选择边界的边：

选择对象或 < 全部选择 >：（鼠标选择要作为边界的对象）

选择对象：（继续选择对象或按回车键结束对象选择）

选择要延伸的对象，或按住"shift"键选择要修剪的对象，或 [栏选（F）/ 窗交（C）/ 投影（p）/ 边（E）/ 删除（R）/ 放弃（U）]:

"延伸"命令的使用与"修剪"基本相同，分选项含义分别如下。

（1）"栏选（F）"：用栏选的方式选择要延伸的对象。

（2）"窗交（C）"：用窗交的方式选择要延伸的对象。

（3）"投影（P）"：用以指定延伸对象时使用的投影方式。

（4）"边（E）"：指定将对象延伸到另一个对象的隐含边或是仅延伸到三维空间中与其实际相交的对象。

（5）"放弃（U）"：用于放弃上一次延伸操作。

3.2.12 打断

"打断"命令可部分删除对象或把对象分解成两部分，还可以使用"打断于点"命令将对象在一点处断开成两个对象。

1.打断

"打断"命令的使用方法有 3 种：①选择"修改"I"打断"命令；②在修改工具栏中单击按钮 进行打断；③在命令行中输入"BRRAK"或者"BR"，然后按下空格键或者回车键。

启动该命令之后，命令行显示如下：

选择对象：（鼠标选取要打断的对象）

指定第二个打断点或 [第一点（F）]:

在选择打断的对象时默认打断第一个点，输入或用鼠标输入对象的另外一个点，把对象上的第一个点和第二个点删除。若输入"F"则重新指定打断的第一个点，再选择第二个点，完成对象在这两点间的打断。

2.打断于点

"打断于点"可以将对象在一点处断开成两个对象，它可以说是"打断"命令的升级版。

"打断于点"命令的使用方法有 2 种：①选择"修改"I"打断于点"命令；②在修改工具栏中单击按钮 进行打断于点。启动该命令之后，命令行显示如下：

选择对象：（鼠标选取要打断的对象）

指定第二个打断点或 [第一点（F）]：（输入 f，选择指定打断点）

指定第一个打断点：（输入或鼠标选定对象的打断点）

指定第二个打断点：（输入 @，选择"打断于点"方式，同时结束该命令）

3.2.13 分解

"分解"我们通常也说"炸开"命令，它可以将多个对象组成的复合对象分解成为单独的对象。这个跟 3ds Max 中的分离命令比较类似。

"分解对象"命令的使用方法有 3 种：①选择"修改"|"分解"命令；②在修改工具栏中单击按钮 ![按钮] 进行分解；③在命令行中输入"EXPLODE"或者"X"，然后按下空格键或者回车键。

启动该命令之后，命令行显示如下：

选择对象：（鼠标选择要进行分解的对象）

选择对象：（可以继续选择要分解的对象，或按回车键结束选择）

大多数的图形都可以被分解，矩形、正多边形、多线、多段线和圆环被分解后将变成直线和圆弧，并且多段线和圆环被分解后将丢失宽度信息，分解后的直线和圆弧将被放置在原来多段线的中线位置，分解后的圆环将变成宽度为 0 的圆。

3.2.14 合并

"合并"命令跟分解命令是相反的，它可以将原来独立的对象或被分解的独立的对象合并成一体。

"合并"命令的使用方法有 3 种：①选择"修改"|"合并"命令；②在修改工具栏中单击按钮 ![按钮] 进行合并；③在命令行中输入"JOIN"，然后按下空格键或者回车键。

启动该命令之后，命令行显示如下：

选择源对象：（鼠标选择要合并的对象）

选择要合并到源的圆弧对象：（可以继续选择对象或按回车键结束选择）

合并两条或两条以上的圆弧时（包括椭圆弧），将从源对象开始沿逆时针方向合并圆弧。

3.2.15 倒角

1. 倒角命令

"倒角"可以使对象以平角相接。"倒角"命令的使用方法有 3 种：①选择"修改"|"倒角"命令；②在修改工具栏中单击按钮 ![按钮] 进行倒角；③在命令行中输入"CHAMFER"或者"CHA"，然后按下空格键或者回车键。

启动该命令之后，命令行显示如下：

（"修剪"模式）当前倒角距离 1=0.0000，距离 2=0.0000 （提示用户当前的倒角模式）

选择第一条直线或 [放弃（U）/ 多段线（P）/ 距离（D）/ 角度（A）/ 修剪（T）/

方式（E）/ 多个（M）]：

2. 倒角方式

AutoCAD 2017 为我们提供了两种倒角方式，可以通过命令行中的选项"距离（D）"和"角度（A）"来选择。

（1）"距离"方式。

"距离"方式是通过设置两个倒角边的倒角距离来进行倒角操作。

在命令行提示下，输入"D"进入"距离"倒角方式，此时命令行显示如下：

指定第一个倒角距离 <0.0000>：　（输入第一条边上的倒角距离）

指定第二个倒角距离 <10.0000>：　（输入第二条边上的倒角距离）

选择第一条直线或 [放弃（U）/ 多段线（P）/ 距离（D）/ 角度（A）/ 修剪（T）/ 方式（E）/ 多个（M）]：

（鼠标选取要进行倒角的第一条直线）

选择第二条直线，或按住"Shift"键选择要应用角点的直线：

当用户选择了第二条直线后，系统将以指定的倒角方式和倒角距离对两条直线进行倒角。

（2）"角度"方式。

"角度"方式是通过设置一个角度和一个距离来进行倒角操作。

命令行提示下，输入"A"，进入"角度"倒角方式，此时命令行显示：

指定第一条直线的倒角长度 <10.0000>：　（输入第一条直线上的倒角长度）

指定第一条直线的倒角角度 <30>：　（输入第一条直线上的倒角角度）

选择第一条直线或 [放弃（U）/ 多段线（P）/ 距离（D）/ 角度（A）/ 修剪（T）/ 方式（E）/ 多个（M）]：

（鼠标选取要进行倒角的第一条直线）

选择第二条直线，或按住"Shift"键选择要应用角点的直线：

命令行中分选项含义分别如下。

（1）"放弃（U）"：放弃上一次的倒角操作。

（2）"多段线（P）"：将整个多段线的每个顶点处的相交直线进行倒角。

（3）"修剪（T）"：确定是否对倒角边进行修剪。

（4）"方式（E）"：选择倒角时使用"距离"方式还是使用"角度"方式，与前者直接选择两种方式的作用相同。

（5）"多个（M）"：使用该项可以对多个对象进行倒角。

3.2.16　圆角

"圆角"命令和"倒角"命令有些相似之处，它是指定一定半径的圆弧，对两个对象进行光滑圆弧连接。

"圆角"命令的使用方法有3种：①选择"修改"|"圆角"命令；②在修改工具栏中单击按钮 进行圆角；③在命令行中输入"FILLET"或者"F"，然后按下空格键或者回车键。

启动该命令之后，命令行显示如下：

当前设置：模式＝修剪，半径＝0.0000　（显示当前圆角模式）

选择第一个对象或 [放弃（U）/ 多段线（P）/ 半径（R）/ 修剪（T）/ 多个（M）]：（输入 r 设置圆角半径）

指定圆角半径 <0.0000>:（输入圆角半径）

选择第一个对象或 [放弃（U）/ 多段线（P）/ 距离（D）/ 角度（A）/ 修剪（T）/ 方式（E）/ 多个（M）]:

选择第二个对象，或按住"Shift"键选择要应用角点的对象：

命令行中分选项含义分别如下。

（1）"放弃（U）"：放弃上一次的圆角操作。

（2）"多段线（P）"：将整个多段线的每个顶点处的相交直线进行圆角。

（3）"修剪（T）"：确定是否修剪源对象。

（4）"半径（R）"：设置倒角的半径。

（5）"多个（M）"：使用该项可以对多个对象进行圆角。

3.3　图　案　填　充

我们在绘制图纸的过程中往往需要对不同的结构、材质、图案进行填充，使图纸更加便于阅读。我们可以使用预定义的填充图案、当前的线型定义简单的直线图案或者创建更加复杂的填充图案，也可以创建渐变填充。

3.3.1　图案填充

在绘制物体的剖面图或者绘制地面铺材的时候，我们往往会使用某个指定的图案来填充这个区域，这个过程就是图案填充。

"填充图案"命令的使用方法有3种：①选择"绘图"|"图案填充"命令；②在绘图工具栏中单击按钮 进行图案填充；③在命令行中输入"HATCH"或者"H"，然后按下空格键或者回车键。

输入命令后 AutoCAD 2017 对话框会出现于界面的左上方。普通对话框可点击选项一栏右侧斜向下箭头打开。如图 3-19 所示，我们先学习填充对话框中的各项含义。

1.边界

通过"边界"选项区域，可以设置图案的填充边界以及选取边界的方式等。

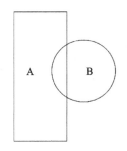

图 3-19　图案填充创建

（1）"拾取点" ➕：系统会自动计算围绕该点构成的封闭区域。如图 3-20 和图 3-21 所示，若长方形代表 A，圆形代表 B，现在需要填充 A 与 B 相交的区域，首先需要拾取 A 和 B 相交部分的面域，点击拾取点，然后在公共的面域点一下鼠标，这时系统会计算出围绕该点构成的封闭区域。这样一个填充的区域就选择完毕了。

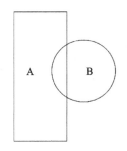
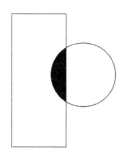

图 3-20　图形 A 和图形 B　　　　　图 3-21　填充 A、B 相交区域

（2）"选择" ▨：根据构成封闭区域的对象确定边界。若长方形代表 A，圆形代表 B，现在需要填充 A 区域，只需直接选择 A 为填充对象即可。如图 3-22 和图 3-23 所示。

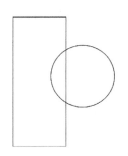

图 3-22　图形 A 和图形 B　　　　　图 3-23　填充 A 区域

（3）"删除"：从边定义中删除以前添加的所有对象。

（4）"重新创建"：重新创建图案的填充边界。

点击边界旁的一个黑色小三角，可打开边界的子集，其中还有如下命令：

（1）"显示边界对象"：亮显示定义关联图案填充、实体填充或渐变填充的边界的对象。

（2）"保留边界对象"：创建图案填充时，可创建多段线或者面作为图案填充的边缘，并（可选）将图案填充对象与其关联。

（3）"选择新边界集"：指定对象的有限集（称为"边界集"），以便对图案填充的拾取点进行评估。

2. 图案

设置填充的图案，在"图案"选项区域中选择。点击右侧黑色三角，可进行图案的选择填充，如图 3-24。

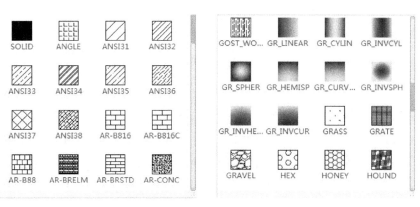

图 3-24　选择填充图案

3. 图案特性

图案特性包括图案填充类型、图案填充颜色、背景色、图案填充透明度、角度，图案填充比例等，如图 3-25 所示。

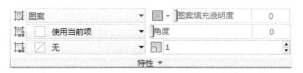

图 3-25　图案特性

（1）"图案填充类型"：图案填充类型包括实体、渐变色、图案、自定义四种选项。

（2）"图案填充颜色"：可自定义图案填充颜色。

（3）"背景色"：背景色可对图案的背景进行填充。

（4）"图案填充透明度"：可对图案的透明度进行编辑，此栏左侧黑色三角下拉可进行整个图层的整体更改等，如图 3-26 所示。

（5）"角度"：设置填充图案的填充角度，每种图案在默认的情况下填充角度都为 0。

图 3-26　图案填充透明度

（6）"图案填充比例"：设置图案填充的比例值，也就是图案在指定区域填充的大小。初始比例值是 1。

点击特性一栏黑色三角，可打开特性的子集。

（1）"图案填充图层代替"：可对图层之间进行代替。

（2）"相对于图纸空间"：设置比例因子是否为相对图纸空间的比例。

（3）单向 / 双向"：当在图案填充选项卡"类型"中选择"用户自定义"时，该选项可用。当选中双向的时候，可以使用相互垂直的两组平行线进行填充图形，否则为一组平行线。

（4）"ISO 笔宽"：设置笔的宽度，只有填充图案采用 ISO 图案时，该项可用。

4. 原点

如图 3-27、图 3-28 可以通过指定点作为图案填充的原点。

5. 选项

此处选择图 3-29 选项右侧向下的箭头，可打开"图案填充"的对话框，对话框如图 3-30。

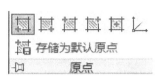

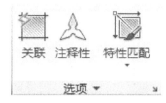

图 3-27　设定原点　　　　图 3-28　存储为默认原点　　　　图 3-29　点击"选项"右侧三角

"图案填充"对话框中的"选项"复选框的项目主要包含以下内容，如图 3-31 所示。

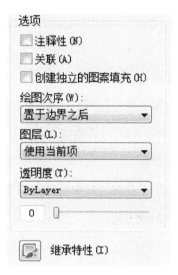

图 3-30　图案填充对话框　　　　　　图 3-31　"选项"复选框

（1）"关联"：关联的图案填充在用户修改其边界时会自动更新。

（2）"创建独立的图案填充"：当指定了几个单独的闭合边界时，创建单个或多个图案填充对象。

（3）"绘图次序"：为图案填充指定绘图次序。

（4）"继承特征"：使用选定图案填充对象的图案填充特性对指定的边界进行填充。

（5）"图层"：将填充的图案指定到相应的图层中。

（6）"透明度"：使填充的图案具有透明的效果。

3.3.2　使用渐变色填充图案

"渐变色填充"命令的使用方法有 3 种：①选择"绘图"|"渐变色"命令；②在特性工具栏中选择渐变色进行填充；③打开渐变色对话框，如图 3-32 所示。

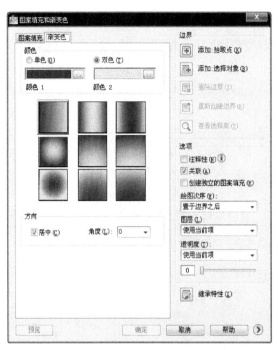

图 3-32　渐变色对话框

1. 单色

应用"单色"对所选择的对象进行渐变填充。单击颜色进入颜色选择对话框，系统提供了三种不同的选择颜色方式，用户只需调节一个适合自己使用的颜色即可。

2. 双色

应用"双色"对所选择的对象进行渐变填充，渐变将从颜色 1 渐变到颜色 2。

3. 渐变方式

在"渐变色"选项卡中有系统提供的 9 个"渐变"方式样板，分别表示不同的渐变方式，包括线形、球形以及抛物线形等渐变方式。

4. 居中

控制渐变填充是否居中。

5. 角度

同"图案填充"中角度一样，"角度"控制着渐变填充的旋转角度。

"边界"和"选项"当中的各项含义跟"图案填充"选项卡中的相同，这里就不作重复的说明了。

3.4　创　建　图　块

3.4.1　块的基本定义

块是一个或者多个对象组成的对象集合，就像 3ds Max 中"组"命令一样。将一些复杂重复的图形编成一个组。一旦一组对象组合成块，就可以根据作图需要将这组对象插入到图中指定的任意位置，还可以按不同比例和旋转角度插入。使用块可以大大提高我们绘制图形的效率，所以我们应该熟练地掌握块的创建以及编辑。

3.4.2　块的创建和编辑

1. 创建图块的方法

"创建块"命令的方法有 3 种：①选择"绘图"|"块"|"创建"命令；②在绘图工具栏中单击按钮  进行创建块；③在命令行中输入"BLOCK"或者"B"，然后按下空格键或者回车键。

2. 块定义对话框

输入命令之后会出现"块定义"对话框。如图 3-33 所示。各项具体含义如下。

（1）"名称"：给创建的块定义一个名称，例如我们画了一个 1600mm 的窗户，那么我们就可以将这个块的名称定为"1600 窗户"，这样方便我们以后插入块的时候快速找到它。

（2）"基点"：用于指定图块的插入基点，默认的点为原点（0,0,0）。勾选"在屏幕上指定"复选框，将在关闭对话框后提示用户指定基点，单击"拾取点"按钮后对话框会暂时关闭，用户可以用鼠标光标单击一个点作为插入基点。

（3）"设置"：设置图块区域，在该区域中可指定块的插入单位等。

（4）"对象"：用来指定该块包含的对象，以及创建这些块之后如何处理这些对象。

①"在屏幕上指定"：关闭对话框时，将提示用户指定对象。

②"选择对象"：单击"选择对象"，对话框将暂时关闭，在屏幕上手动指定一个对象。

③"快速选择"：点击"快速选择" 按钮，打开"快速选择"对话框，该对话框定义选择集，如图 3-34 所示。

图 3-33　"块定义"对话框

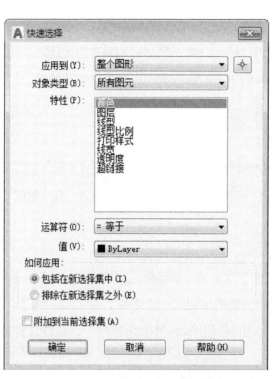

图 3-34 "快速选择" 对话框

④ "保留"：创建块以后，将选定对象保留在图形中。

⑤ "转换为块"：创建块以后，将选定对象转换成图形中的块实例。

⑥ "删除"：创建块以后，从图形中删除选定的对象。

⑦ "未选定对象"：显示选定对象的数目。

（5）"方式"：指定块的行为方式。

① "注释性"：指定使块方向与布阵匹配。

② "按统一比例缩放"：指定是否按照块参照不按统一比例缩放。

③ "允许分解"：指定参照是否可以被分解。

3. 制作块的步骤示例

我们以制作一个简单块的门的块为例来说明如何具体操作。

步骤 1：先在图纸中绘制一个门的图形。

步骤 2：在命令行中输入 "B"，然后按回车键，会出现 "块定义" 对话框，参照图所示。

步骤 3：在名称中输入块的名称为 "门"。

步骤 4：在基点中单击 "拾取点" 按钮，然后在门的图形上或者门的附近拾取一个插入的基点。

步骤 5：在对象选项组中选择 "保留"，再单击 "选择对象" 按钮，切换到绘图窗口，使用窗口选择的方法选择门的图形。选择完毕后按下回车键。

步骤 6：在 "块单位" 下拉列表中选择 "毫米" 选项，将单位设为毫米。

步骤 7：设置完毕后，单击 "确定" 按钮保存设置。

这样我们就成功地制作了一个门的图块。

3.4.3　插入图块

1.插入图块的方法

制作图块的目的是使用图块，制作完之后我们可以通过"插入块"命令来使用制作的图块。

"插入块"命令的使用方法有 3 种：①选择"插入"Ⅰ"块"命令；②在绘图工具栏中单击按钮 插入块；③在命令行中输入"INSERT"或者"I"，然后按下空格键或者回车键。

2.插入对话框

输入命令后将出现"插入"对话框，如图 3-35 所示。

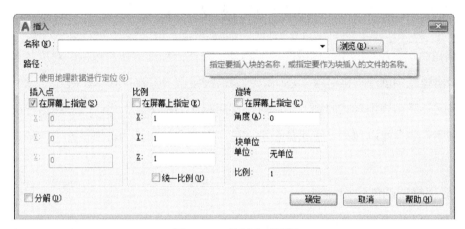

图 3-35　"插入"对话框

（1）名称。

"名称"文本框指定要插入的图块或图形文件的名称。

（2）插入点。

"插入点"选项区用来指定块的插入位置。"在屏幕上指定"复选框处于选中状态时，将在关闭"插入"对话框时提示用户指定块的插入点。

（3）比例。

"比例"选项区设定插入块的缩放比例，默认缩放比例为 1。

（4）旋转。

"旋转"选项区指定插入块时的旋转角度。

（5）块单位。

"块单位"选项区显示有关块单位的信息，包括单位和比例因子。

（6）分解。

"分解"复选框处于选中状态时，将分解块并插入该块的各部分。

3. 插入图块的步骤示例

插入图块的操作步骤如下。

步骤1：单击"绘图"工具栏中的"插入点"按钮，打开"插入对"话框。

步骤2：在"名称"下拉列表框中选择想要插入块的名称，我们还是以之前制作的"门"的图块为例。

步骤3：在"插入点"选项组中选中"在屏幕上指定点"复选框。

步骤4：在"旋转"选项组的"角度"文本框中输入需要旋转的角度，然后单击"确定"。

步骤5：单击绘图窗口中需要插入块的位置。

这样就成功地插入一个"门"的图块。

3.5 创 建 表 格

表格是由包含注释的单元构成的矩形阵列，是在行和行中包含数据的对象。可以从空表格或表格样式中创建表格对象，还可以将表格链接至 Microsoft Excel 电子表格中的数据。表格的外观由表格样式控制。用户可以使用默认表格样式，也可以创建自己的表格样式。表格单元数据可以包括文字和多个块，还可以包含使用其他表格单元中的值进行计算的公式。

3.5.1 表格样式的创建和编辑

"表格样式"控制一个表格的外观，用于保证标准的字体、颜色、文本、高度和行距。用户可以使用默认的表格样式，也可以自定义表格样式。

"表格样式"命令的使用方法有2种：①选择"格式"→"表格样式"命令；②在命令行中输入"TABLESTVLE"，然后按下空格键或者回车键。

输入命令之后会自动弹出如图3-36所示的"表格样式"对话框。在对话框中选择"新建"按钮，系统会自动弹出如图3-37所示的"创建新的表格样式"对话框。在该对话框中"新样式名"代表创建新的样式表的名称，在"基础样式"下拉列表中选择一种基础样式作为模板，新样式将在该样式基础上进行修改。然后单击"继续"按钮，系统又会自动弹出如图3-38所示的"新建表格样式"对话框，在此对话框中可以设置数据、表头和标题样式。

在 AutoCAD 中表格的组成有"标题""表头"和"数据"3种。

对话框中各项含义如下。

（1）"起始表格"：在"起始表格"选项组中单击"选择起始表格"按钮，选择绘图窗口中已创建的表格作为新表格样式的起始表格，单击右边的"取消选择"按钮可以取消已选择的表格。

（2）"表格方向"：在"常规"选项组中的"表格方向"下拉列表中选择表格的生成方向：向上或向下。该选项的下方是预览框，可以看见表格方向的预览效果。

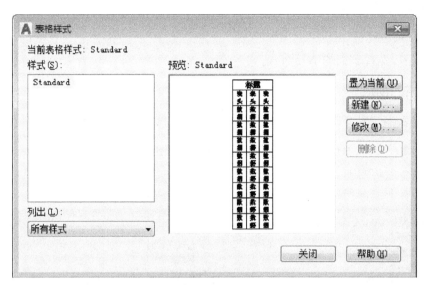

图 3-36 "表格样式"对话框

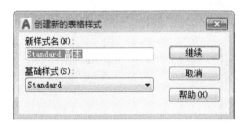

图 3-37 "创建新的表格样式"对话框

图 3-38 "新建表格样式"对话框

（3）"单元样式"：表格的单元样式有"标题""表头""数据"3种。在"单元样式"的下拉列表中依次选择这3种单元，通过"常规""文字"和"边框"3个选项卡可对每种单元样式进行设置。

在"常规"选项卡中可以设置填充颜色、对齐方式及页边距等表格特征，单击"常规"后的 ，可以选择表格的单元格式。

3.5.2 表格的创建

"创建表格"命令的使用方法有3种：①选择"绘图"|"表格"命令；②在命令行中输入"table"，然后按下空格键或者回车键；③点击创建栏的图标 。

输入命令后将弹出"插入表格"对话框，如图3-39所示。

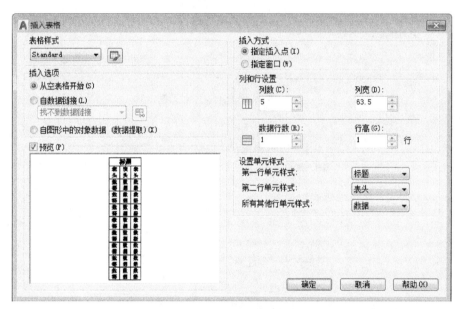

图3-39　"插入表格"对话框

对话框中各项含义如下。

（1）"表格样式"：选取一个表格样式。

（2）"插入选项"：用于指定插入表格的方式。

（3）"预览"：显示当前表格样式的样例。

（4）"插入方式"：用于指定表格位置。

（5）"列和行设置"：用于设置列和行的数目和大小。

（6）"设置单元样式"：对于那些不包含起始表格的表格样式，指定新表格中行的单元格式。

3.5.3 表格的编辑

"编辑表格"可以对表格进行剪切、复制、删除、移动、缩放和旋转等简单操作，还可以均匀调整表格的行、列大小，删除所有特性替代。当选择"输出"命令时，还可以打开"输出数据"对话框，以 .csv 格式输出表格中的数据。

单击表格上任意的一根网格线以选中表格，然后通过夹点来修改表格，如图 3-40 所示。双击单元格，即可进入单元格录入数据。

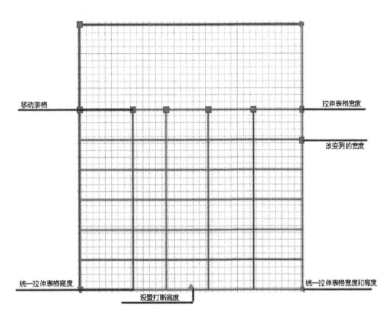

图 3-40　表格各个夹点作用

3.6　书 写 文 字

3.6.1　创建单行文字

创建单行文字选择"绘图"|"文字"|"单行文字"命令，或单击工具栏中的 **AI** 按钮，也可以输入"DTEXT"或"TEXT"开启创建单行文字命令。

命令：TEXT

当前文字样式："Standard"　文字高度：2.5000　注释性：否　对正：左

指定文字的起点 或 [对正（J）/ 样式（S）]:

指定高度 <2.5000>:

指定文字的旋转角度 <0>:

这时就可以设置文字对象的对齐方式和所关联的文字样式。

1. 设置文字对齐方式

在命令行输入"J"，按"Enter"键即可选择对齐方式：

[左（L）/ 居中（C）/ 右（R）/ 对齐（A）/ 中间（M）/ 布满（F）/ 左上（TL）/ 中上（TC）/ 右上（TR）/ 左中（ML）/ 正中（MC）/ 右中（MR）/ 左下（BL）/ 中下（BC）/ 右下（BR）]:

此时可以在命令行中选择一个对齐的选项。

2. 设置文字样式

在命令行中输入"s",按"Enter"键即可选择文字样式:

输入样式名或 [?] <standard>:

命令行默认显示当前文字样式,可以在命令行中输入现有的文字样式名,或者在命令行窗口中输入"?",并按两次"Enter"键查看文字样式列表,如图 3-41 所示。

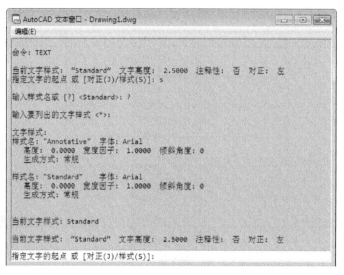

图 3-41　创建单行文字时设置文字样式

当设置完文字样式和对齐方式后:

指定高度 <0.2000> : 2.500

指定文字的旋转角度 <0> : 0

设置完毕后,就可以在 AutoCAD 2017 的编辑区域中输入文字,在每行的结尾处按"Enter"键确定。也可以在此命令中指定新的起点,将光标移动到该点上,可以继续输入文字。

单行文字创建完毕以后,可以在空行中按"Enter"键结束命令。

3.6.2　创建多行文字

创建多行文字有 3 种方法:①选择"绘图"|"文字"|"多行文字"命令;②单击工具栏中的 **A** 按钮;③输入"MTEXT"开启创建多行文字命令。

命令:MTEXT

当前文字样式:<Standard>　文字高度:2.5　注释性:否　(显示当前文字样式)

指定第一角点:(指定多行文字的起始点)

用鼠标拾取文字边框的第一个对焦点。

指定对角点或 [高度(H)/对正(J)/行距(L)/旋转(R)/样式(S)/宽度(W)/栏(C)]:

"高度(H)":选项用于指定文字的高度,与"单行文字"命令相同。

"对正（J）"：选项用于指定的文字的对正方式，与单行文字创建的命令相同。

"行距（L）"：多行文字命令启动后，输入"L"，按"Enter"键确定，出现如下对话框，

输入行距类型 [至少（A）/ 精确（E）]：

选择一种行距类型后，系统会出现如下对话框，

输入行距比例或行距 <LX>：

此时可以输入行距比例（系统默认为 1 倍行距），或者直接输入行距数值。

"旋转（R）"：选项用于指定文字的选择角度，与单行文字创建的命令相同。

"样式（S）"：选项用于指定文字样式，与单行文字创建的命令相同。

"宽度"：多行文字命令启动后，输入"W"，按"Enter"键确认，系统会出现如下对话框，

输入宽度：

此时用户可以指定文字边框的宽度，也可以用鼠标拾取第二个对角点来确认文本边框的宽度。

栏（C）：多行文字命令启动后，输入"C"，按"Enter"键确认，系统会出现如下对话框，

输入栏类型 [动态（D）/ 静态（S）/ 不分栏（N）]

如果选择"动态（D）"或者"静态（S）"分栏类型后，系统会自动提示指定栏宽、栏间距宽度及栏高。此时可以根据需要输入相应的数值。

当指定对角点后，系统会显示在位文字编辑器，如图 3-42 所示。

图 3-42　使用文字格式工具栏编辑多行文字对象

在位文字编辑器中显示顶部带有标尺的边框和"文字格式"工具栏，编辑器是透明的，可以看到文字是否与其他对象重叠。也可以像创建单行文字一样在多行文字中间插入字段，显示效果会随着字段的更新而改变。

用户也可以在编辑框中输入多行文字，编辑框上侧的标尺和"文字格式"工具栏则可以帮助用户自定义多行文字的对齐方式以及其他的特性，也可以将鼠标悬停于"文字格式"工具栏按钮上方查看按钮所代表的意思。

若在命令行中输入"MTEXT"，则不会弹出位文字编辑器，而命令行会显示如下对话框，

MTEXT：

也可以在命令行中输入多行文字，在空行中按"Enter"键结束多行文字的创建。

3.6.3 编辑文字

在 AutoCAD 2017 中，创建完文字后，可以使用 DDEDIT 命令、PROPERTIES 命令以及夹点编辑等方法来修改编辑文字。

1. DDEDIT 法编辑文字

编辑文字时可以使用 DDEDIT 命令对单行文字单独编辑。编辑单行文字包括编辑文字的内容、对正方式以及缩放比例。

DDEDIT 法编辑文字有 3 种方式：①选择"修改"|"对象"|"文字"|"编辑"命令；②单击工具栏中的  按钮；③输入"DDEDIT"开启编辑文字命令。

命令：DDEDIT

TEXTEDIT

当前设置：编辑模式 = Multiple

选择注释对象或 [放弃（U）/ 模式（M）]

若只需要修改所创建的单行文字的内容而不必修改文字对象的格式或特性，则使用 DDEDIT 命令，此时可以单击鼠标右键从而进行剪切、复制、粘贴等操作，也可以插入字段。

2. PROPERTIES 法编辑文字

若需要修改文字的内容、样式、位置、方向、大小、对正和其他特性时，则可以使用 PROPERTIES 命令，在相应的项目中修改。

选择"修改"|"特性"命令或输入"PROPERTIES"开启编辑文字和文字特性命令。启动命令后，会弹出"特性"对话框，如图 3-43 所示。可以在该对话框中找出相应的项目来编辑文字的特性。

图 3-43　特性对话框

3.7　标　注　尺　寸

CAD 中尺寸标注是绘图设计中的一项重要内容，物体各个部分的真实大小和各个部分之间的确切位置距离只能通过尺寸标注表达出来。因此，没有正确的尺寸标注，做出的图形就没有意义。

3.7.1　标注样式

选择"格式"|"标注样式"命令，或打开"标注"工具栏单击 按钮，也可以输

入"DIMSTYLE""D""DST"或"DIMSTY"开启标注样式管理器。

启动命令后，会出现"标注样式管理器"的对话框，如图3-44所示。

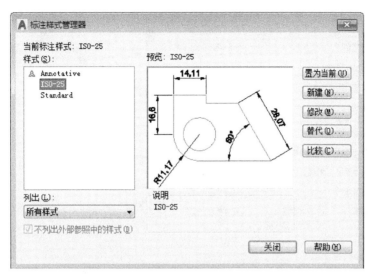

图3-44　标注样式管理器

标注样式管理器用来控制标注的样式，如箭头样式、文字位置、文字高度和尺寸公差等。

1. 创建尺寸标注样式

在"标注样式管理器"对话框中单击"新建"，会弹出"创建新标注样式"的对话框，如图3-45所示。在此对话框，可以在"新样式名"文本框中对新建的标注样式命名。在"基础样式"列表框中定义生成新标注样式的基础样式。在"用于"下拉列表中可以选择新标注样式的适用范围："所有标注""线性标注""角度标注""半径标注""直径标注""坐标标注""引线和公差"等。

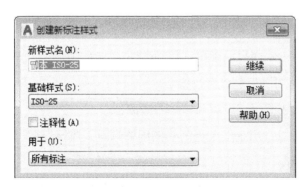

图3-45　创建新标注样式

在"创建新标注样式"对话框中选择"继续"，则会显示"新建标注样式：ISO-25"的对话框，在此对话框中可以自定义新建样式的特性。如图3-46所示。

"新建标注样式：ISO-25"对话框包括以下内容。

（1）"线"：用于设置尺寸线、尺寸界线的格式和特性。

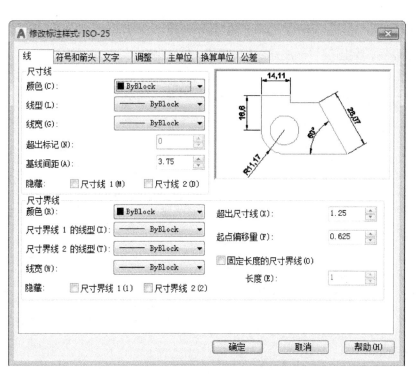

图 3-46 "新建标注样式"对话框

（2）"符号和箭头"：用于设置箭头、圆心标记弧长符号和折弯半径标注的格式和位置。

（3）"文字"：用于设置标注文字的格式、位置和对齐方式。

（4）"调整"：用于控制标注文字、箭头、引线和尺寸线的位置。

（5）"主单位"：用于设置主标注单位的格式和精度，并设置标注文字的前缀和后缀。

（6）"换算单位"：用于指定标注测量值中换算单位的显示，并设置其格式和精度。

（7）"公差"：用于控制标注文字中公差的格式和显示。

2. 设置尺寸线

在"线"的选项卡中可以对尺寸线的格式和特性进行设置，主要包括以下内容。

（1）"颜色"：主要用来设置和显示尺寸线的颜色。

（2）"线型"：主要用来设置尺寸线的类型。选择"其他"选项会弹出"选择线型"对话框，在此对话框中可以加载或选择线型。

（3）"线宽"：主要用来设置尺寸线的线宽。

（4）"超出标记"：用来指定当箭头使用的倾斜、建筑标记、积分和无标记时尺寸线超出尺寸界线的距离。

（5）"基线间距"：用来设置基线标注的尺寸线之间的距离。

（6）"隐藏"：用来设置隐藏尺寸线。"尺寸线 1"表示隐藏第一条尺寸线，"尺寸线 2"表示隐藏第二条尺寸线。

3. 设置箭头样式

箭头样式可以在"符号和箭头"选项中进行设置，主要包括"第一个尺寸线的箭头""第二个尺寸线的箭头""引线箭头""箭头大小"等。如图 3-47 所示。

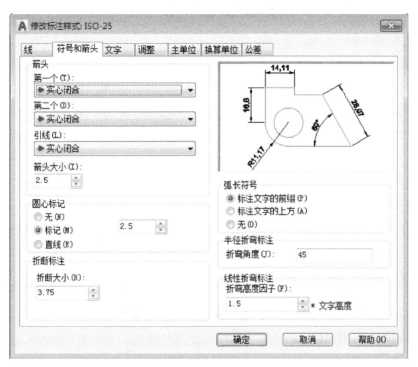

图 3-47　修改箭头样式对话框

"第一个尺寸线的箭头"、"第二个尺寸线的箭头"和"引线箭头"类型的设置方式是相同的。可以在下拉列表中选择需要的箭头块，如图 3-48 所示。也可以在下拉列表中选择"用户箭头"选项，在弹出的"选择自定义箭头块"对话框中选择用户自定义的箭头块的名称。如图 3-49 所示。"箭头大小"用来显示和设置标注样式中箭头的大小。

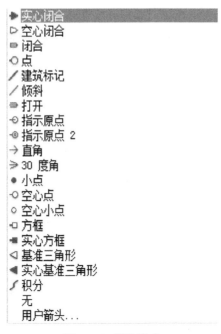

图 3-48　箭头样式

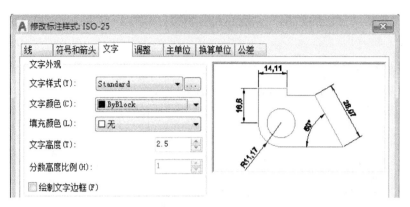

图 3-49　设置文字样式对话框

4. 设置文字样式

在 AutoCAD 中可以在"文字"选项中对文字的外观进行设置，主要包括"文字样式"、"文字颜色"、"填充颜色"、"文字高度"、"分数高度比例"和"文字边框"六个方面。

"文字样式"：用来显示和设置当前标注文字样式。可以从下拉列表中选择样式或单击 […] ，在弹出的"文字样式"对话框中创建和修改文字样式。

"文字颜色"：用来显示和设置当前标注文字的颜色。可以在下拉列表中选择一种颜色作为文字的颜色，也可以选择"选择颜色"选项，在弹出的对话框中选择颜色。

"填充颜色"：用来设置标注中文字背景的颜色。设置方法与"文字颜色"的选项相同。

"文字高度"：用来设置当前标注样式的文字高度。若在文字样式中将文字高度设定为固定值，则此处设置的文字高度无效。若需要使用此处设置的高度，文字样式中文字高度需要设置为 0。

"分数高度比例"：用来设置相对于标注文字的分数比例。仅当"主单位"选项中设置"单位格式"为分数时，此复选框才处于可用状态。分数高度比例乘以文字高度，可确定标注分数相对于标注文字的高度。

"绘制文字边框"：用于选择是否在标注文字周围绘制一个边框。

5. 调整文字位置

文字位置可以在"文字"选项设置，主要包括"垂直"、"水平"、"观察方向"和"从尺寸线偏移"等选项。如图 3-50 所示。

"垂直"：用于控制标注文字相对尺寸线的垂直距离。点击右侧小三角，有如下选项："居中"选项表示将标注文字放置于尺寸线的两部分中间；"上方"选项表示将文字放置在尺寸线的上方；"外部"选项表示将文字放置在尺寸线上远离第一个定义点的一边；"JIS"选项表示按照日本工业标准放置标注文字。

"水平"：用于控制标注文字在尺寸线上相对于尺寸界线的水平位置。点击右侧小三角，有如下选项："第一条尺寸界线"表示标注文字沿尺寸线与第一条尺寸界线左对正；

"第二条尺寸界线"表示标注文字沿尺寸线与第二条尺寸界线右对正；"第一条尺寸界线上方"表示沿第一条尺寸界线将标注文字放在第一条尺寸界线之上；"第二条尺寸界线上方"表示沿第二条尺寸界线将标注文字放在第二条尺寸界线之上。

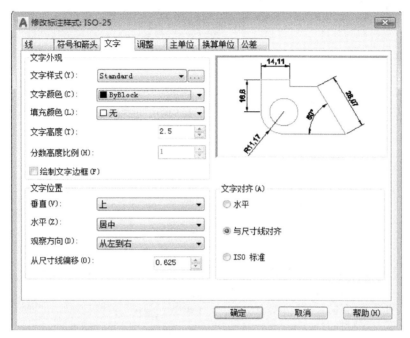

图 3-50　设置文字位置对话框

"观察方向"：用于控制标注文字的观察方向。

"从尺寸线偏移"：用于设置当前字线间距，即当尺寸线段可以容纳标注文字时，标注文字周围的距离。

6. 设置主单位和换算单位

"主菜单"选项和"换算单位"选项分别能对主单位和换算单位的格式和精度进行设置。

如图 3-51 所示，"主单位"选项主要包括"线性标注"和"角度标注"选项区域。在"线性标注"选项区域中可以设置线性标注的单位格式、精度、分数格式、前缀、后缀、测量单位比例、消零等线性标注的格式和精度；在"角度标注"选项区域可以设置单位格式、精度、消零等角度标注的格式和精度。

如图 3-52 所示，"换算单位"选项主要包括"显示换算单位"复选框、"换算单位"选项区域、"消零"选项区域、"位置"选项区域等。"显示换算单位"复选框处于选中状态时将向标注文字添加换算测量单位；"换算单位"选项区域可以设置单位格式、精度、换算单位倍数、舍入精度、前缀和后缀等除角度之外的所有标注类型的当前换算单位格式；"消零"选项区域主要用于控制不输入前导零和后续零，以及零英尺和零英寸部分；"位置"选项区域主要用来控制标注文字中换算单位的位置。

93

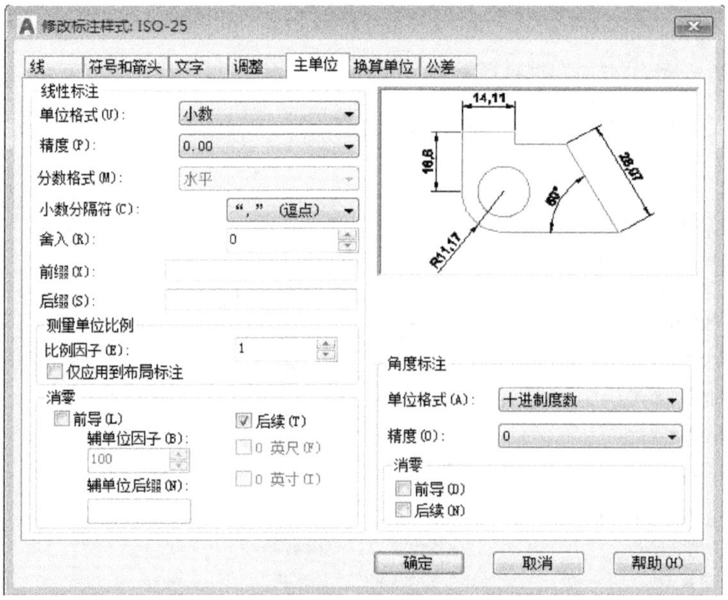

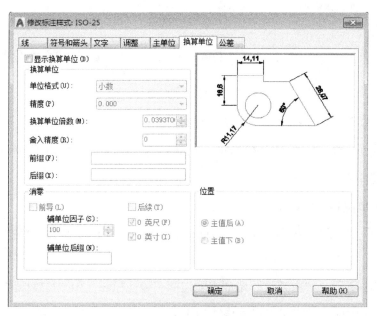

图 3-51　设置主单位

图 3-52　设置换算单位

7. 设置公差

在"公差"选项中可以对公差的格式和显示进行设置，主要包括公差格式、公差对齐、消零、换算单位公差等。如图 3-53 所示。

"公差格式"：用于设置公差格式。在"方式"下拉列表中设置计算公差的方法，如不添加公差、对称、极限偏差、界限、极限尺寸、基本尺寸等；在"精度"下拉列表中设置小数位数；在"上偏差""下偏差"文本框中设置最大公差或上偏差、最小公差或下偏差；在"高度比例"文本框中设置公差文字的当前高度；在"垂直位置"下拉列表中控制对称公差和极限公差的文字对正方式，如上对齐、中对齐、下对齐等。

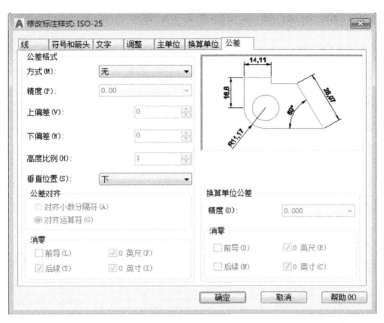

图 3-53　设置公差

"公差对齐"：用于控制上偏差值和下偏差值的对齐。选项"对齐小数分隔符"单选框表示通过值的小数分割符号对齐；选择"对齐运算符"单选框表示通过值运算符对齐。

"消零"："消零"选项中的"消零"与"换算单位公差"选项中的"消零"含义相似。前者控制主单位公差格式的消零，后者控制换算单位公差的消零。

3.7.2　常用标注命令

1. 线性标注 DIMLINEAR

选择"标注"|"线性"命令，或打开"标注"工具栏单击 ▦ 按钮，也可以输入"DIMLINEAR"开启线性标注。

命令：DIMLINEAR

指定第一个尺寸界线原点或 < 选择对象 >:

指定第二条尺寸界线原点：

指定尺寸线位置或 [多行文字（M）/ 文字（T）/ 角度（A）/ 水平（H）/ 垂直（V）/ 旋转（R）]:

如果线性标注命令所选定的第一条尺寸界线的原点和第二条尺寸界线的原点是孤立的，不与其他对象关联，否则命令会提示。

创建了无关联的标注。

在创建线性标注时，AutoCAD 将根据指定尺寸延伸线原点或选择对象的位置自动应用水平或垂直标注。但也可以自定义线性标注为水平或垂直。

2. 对齐标注 DIMALIGNED

选择"标注"|"对齐"命令，或打开"标注"工具栏单击 ⬎ 按钮，也可以输入

"DIMALIGNED"开启对齐标注。

命令：DIMALIGNED

指定第一条尺寸界线原点或<选择对象>：（选定第一点作为第一条尺寸界线的原点）

指定第二条尺寸界线原点：（选定第二条作为第二条尺寸界线的原点）

指定尺寸线位置或 [多行文字（M）/ 文字（T）/ 角度（A）]：

"尺寸线位置"：用于指定尺寸线的位置并确定绘制尺寸界线的方向。

"多行文字（M）"：选项如果处于选中状态，将会显示"在位文字编辑器"，用以编辑标注文字。

"文字（T）"：用于自定义标注文字。

"角度（A）"：用于修改标注文字的角度，指定角度后，命令将再次提示"尺寸线位置"。

3. 弧长标注 DIMARC

选择"标注"|"弧长"命令，或打开"标注"工具栏单击 按钮，也可以输入"DIMARC"开启弧长标注。

命令：DIMARC

选择弧线段或多段线圆弧段：

指定弧长标注位置或 [多行文字（M）/ 文字（T）/ 角度（A）/ 部分（P）/ 引线（L）]：

"弧长标注位置"选项主要用来设置尺寸线的位置和尺寸界线的方向。

"多行文字（M）""文字（T）""角度（A）"等选项的意义与线性标注相同。

"部分"用来缩短弧长标注的长度，将对应于选中弧线对象的标注修改为只标注部分弧长。"部分"选项处于选中状态时，按命令行提示指定圆弧上弧长标注的起点和终点，指定部分弧长标注后，命令行将提示"弧长标注位置"。

"引线（L）"用来添加引线对象，此选项仅当圆弧（或弧线段）大于 90° 时才会显示，引线是径向绘制，并指向所标注圆弧的圆心。当在命令行提示下选中"引线（L）"后则提示：

指定弧长标注位置或 [多行文字（M）/ 文字（T）/ 角度（A）/ 部分（P）/ 无引线（N）]：

此时可以设置弧长标注的其他选项。

4. 坐标标注 DIMOROINATE

选择"标注"|"坐标"命令，或打开"标注"工具栏单击 按钮，也可以输入"DIMOROINATE"开启坐标标注。

命令：DIMORDINATE

指定点坐标：

指定引线端点或 [X 基准（X）/Y 基准（Y）/ 多行文字（M）/ 文字（T）/ 角度（A）]：

"指定引线端点"：用于指定坐标标注的类型，AutoCAD 根据点坐标和引线端点的坐标之间的差确定是 X 坐标标注还是 Y 坐标标注。若是 Y 坐标标注差较大，坐标标注就测量 X 坐标，反之则测量 Y 坐标。

"X 基准（X）"：用于测量 X 坐标并确定引线和标注文字的方向，此选项处于选中状态后，将显示"引线端点"提示，从中可以指定端点。

"Y 基准（Y）"：用于测量 Y 坐标并确定引线和标注文字的方向。

"多行文字（M）""文字（T）""角度（A）"等选项与其他标注类型相同，这些选项设置完成后，将会显示标注选项的首选项。以坐标标注为例，命令行窗口显示"指定引线位置"选项。

5. 折弯线性 DIMJOGLINE

选择"标注" | "折弯线性"命令，或打开"标注"工具栏单击 按钮，也可以输入"DIMJOGINE"开启折弯线性。

命令：DIMJOGINE

选择要添加折弯的标注或 [删除（R）]：

指定折弯位置（或按"Enter"键）：

"选择要添加折弯的标注或 [删除（R）]"：指定要向其添加折弯的线性标注或对齐标注，系统将提示用户指定折弯的位置。

"指定折弯位置（或按'Enter'键）"：指定一点作为折弯位置，或按"Enter"键将折弯放在标注文字与第一条尺寸界线直径的中点处，或基于标注文字位置尺寸线的中点处。

"删除（R）"：指定要从中删除折弯的线性标注或对齐标注。

6. 半径标注 DIMRADIUS

选择"标注" | "半径"命令，或打开"标注"工具栏单击 按钮，也可以输入"DIMRADIUS"开启半径标注。

命令：DIMRADIUS

选择圆弧或圆：（选择标注对象）

标注文字 =954282287.25（显示标注信息，即测量值）

指定尺寸线位置或 [多行文字（M）/ 文字（T）/ 角度（A）]：（指定标注选项）

"指定尺寸线位置"：用于确定尺度尺寸线的角度和标注文字的位置，若将标注放置在圆弧上而导致标注指向圆弧外，则 AutoCAD 会自动绘制圆弧延伸线。

"多行文字""文字""角度"选项与其他标注相同选项的定义是一样的，可以按照类似的方法参考半径标注格式。

7. 折弯标注 DIMJOGGED

选择"标注" | "折弯"命令，或打开"标注"工具栏单击 按钮，也可以输入

"DIMJOGGED"开启折弯标注。

命令：DIMJOGGED

选择圆弧或圆：

指定图示中心位置：

标注文字 = 954282287.25

指定尺寸线位置或 [多行文字（M）/ 文字（T）/ 角度（A）]:

8. 直径标注 DIMDIAMETER

选择"标注"|"直径"命令，或打开"标注"工具栏单击 ◌ 按钮，也可以输入"DIMDIAMETER"开启直径标注。

命令：DIMDIAMETER

选择圆弧或圆：（指定标注对象）

标注文字 =2.7083（显示标注信息，即测量值）

指定尺寸线位置或 [多行文字（M）/ 文字（T）/ 角度（A）/]：（指定标注选项）

在直径标注命令时，需要首先选定圆弧或圆作为标注对象，然后指定分选项。直径标注的分选项与其他标注的分选项含义相同。

9. 角度标注 DIMANGULAR

选择"标注"|"角度"命令，或打开"标注"工具栏单击 △ 按钮，也可以输入"DIMANGULAR"开启角度标注。

命令：DIMANGULAR

选择圆弧、圆、直线或 < 指定顶点 >：　　　　　　　（选择标注对象）

指定标注弧线位置或 [多行文字（M）/ 文字（T）/ 角度（A）/ 象限（Q）]：

　　　　　　　　　　　　　　　　　　（指定标注选项）

使用角度标注命令时，"标注弧线位置""多行文字（M）""文字（T）""角度（A）"都与其他标注类似。"象限（Q）"用来指定图形。当设定象限选项后，若文字标注在角度以外时，尺寸线会延伸出尺寸界线。

10. 基线标注 DIMBASELINE

选择"标注"|"基线"命令，或打开"标注"工具栏单击 ⊨ 按钮，也可以输入"DIMBASELINE"开启基线标注。

命令：DIMBASELINE

指定第二条尺寸界线原点或 [放弃（U）/ 选择（S）] < 选择 > ：

　　　　　　　　　　　　（指定第二条尺寸界线原点）

标注文字 =4.2654　　（显示标注信息，即测量值）

使用基线标注"NIMBASELINE"命令时，若在当前任务中进行标注，将会提示选择线性标注、坐标标注或角度标注，以用作基线标注的基准。在默认情况下，使用基线标注的第一条尺寸界线作为基线标注的尺寸界原点。

11. 连续标注 DIMCONTINUE

选择"标注"|"连续"命令，或打开"标注"工具栏单击 ⊞ 按钮，也可以输入"DIMCONTINUE"开启连续标注。

命令：DIMCONTINUE

选择连续标注：　（选择已存在的标注作为连续标注的基准）

指定第二条尺寸界线原点或 [放弃（U）/ 选择（S）] < 选择 > ：

（指定标注选项）

标注文字 =2.2620　（显示连续标注信息即测量值）

使用连续标注时，需要根据命令行提示选择已存在的标注作为连续标注的基准，已存在的标注可以为线性标注、坐标标注、角度标注等。连续标注的分选项含义与基线标注相同。

12. 引线标注 QLEADER

输入"QLEADER"开启引线标注。

命令：QLEADER

指定第一个引线或 [设置（S）] < 设置 > ：

（指定引线标注的起始点或对引线标注进行设置）

指定下一点：　（指定下一个引线点）

指定下一点：　（指定下一个引线点或按"Enter"键指定引线注释）

指定文字宽度 <0.5159>：　（指定文字高度）

输入注释文字的第一行 < 多行文字（M）> ：　表面电镀处理　（输入引线标注字符）

输入注释文字的下一行：　（继续输入标注文字或按"Enter"键结束）

引线标注命令主要用于创建引线和引线注释。

使用引线标注时，根据命令行提示选择"设置"，会弹出"引线"设置对话框，用于设置引线和引线注释的特性，其中包括"注释""引线和箭头""附着"选项。

（1）"注释"：用于设置引线注释类型、指定多行文字选项、重复使用注释等。如图 3-54 所示。

"注释类型"：用于指定引线注释类型。

"多行文字"：表示创建多行文字注释。

"复制对象"：表示关闭"引线设置"对话框并确定引线点后提示复制对象，连接到引线末端。

"公差"：表示关闭对话框并确定引线点后显示"行位公差"对话框，用于创建附着与引线上的特征控制框。

图 3-54　"注释"对话框

"块参照"：表示在关闭对话框并确定引线点后提示插入一个块参照。

"无"：表示创建无注释的引线。

"多行文字选项"：用于指示多行文字的选项，只有在注释类型为多行文字时该选项才处于可用状态。

"提示输入宽度"：表示在输入多行文字时提示指定多行文字注释的宽度。

"始终左对齐"：表示多行文字注释左对齐，不用考虑引线位置。

"文字边框"：表示添加多行文字注释时在周围放置边框。

"重复使用注释"选项中包括"无""重复使用下一个""重复使用当前"单选框，用于指定重复使用引线注释。当选择"重复使用当前"选项时，"注释类型"区域处于不可用状态。

（2）"引线和箭头"：用于设置引线和箭头格式，包括"引线""点数""箭头""角度约束"等选项区域，如图 3-55 所示。

图 3-55　"引线和箭头"对话框

"引线"：用于设置引线点的数目，主要有直线和样条曲线两种。

"点数"：用于设置引线点和数目，默认最大值为 3。

"箭头"：用于定义引线箭头样式，从"箭头"下拉列表中选择样式。

"角度约束"：用于设置第一条引线与第二条引线之间的角度约束

（3）"附着"：用于设置引线和多行文字注释的附着位置，只有当"注释"选项中指定注释类型为多行文字时此选项卡才会显示。如图 3-56 所示。

图 3-56　"附着"对话框

13. 圆心标记标注 DIMCENTER

选择"标注" | "圆心标记"命令，或打开"标注"工具栏单击 ⊕ 按钮，也可以输入"DIMCENTER"开启圆心标记标注。

命令：DIMCENTER

选择圆弧或圆　（选择圆心标记标注对象）

圆心标记标注用于选择圆心标记或中心线，并在设置标注样式时指定圆的大小，也可以在"修改标注样式"对话框选择圆心标记，如图 3-57 所示。

14. 快速标注 QDIM

选择"标注" | "快速标注"命令，或打开"标注"工具栏单击 ⌷ 按钮，也可以输入"QDIM"开启快速标注。

命令：QDIM

关联标注优先级 = 端点　（确定关联标注优先级）

选择要标注的几何图形：指定对角点：找到 12 个　（选择一系列需要标注的图形对象）

选择要标注的几个图形：　（按"Enter"键结束对象选取）

指定尺寸线位置或 [连续（C）/ 并列（S）/ 基线（B）/ 坐标（O）/ 半径（R）/ 直径（D）/ 基准点（P）/ 编辑（E）/ 设置（T）/] < 连续 >：　（指定坐标选项，默认为连续）

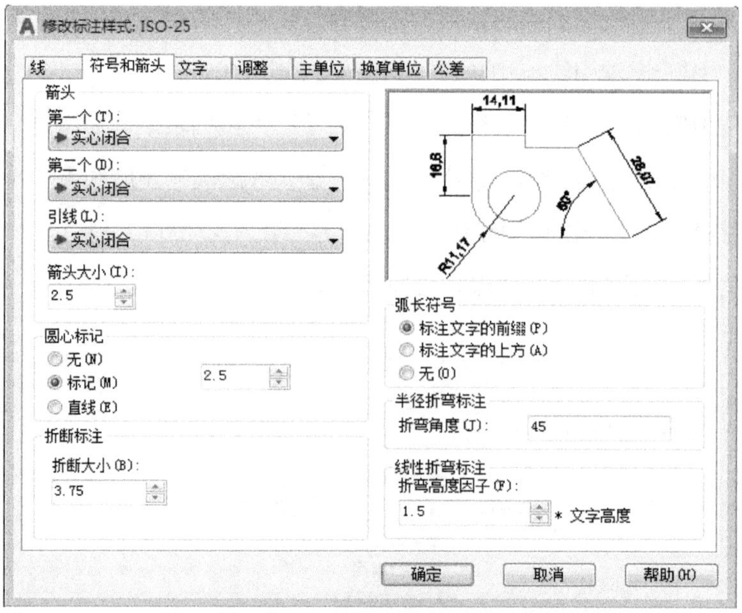

图 3-57　圆心标记样式

"编辑（E）"：用于对快速标注进行删除、添加、标注点等操作。

"设置（T）"：用于对快速标注的关联标注优先级进行设置。

第4章
牛刀小试——绘制基础建筑

4.1 绘制建筑平面图

4.1.1 什么是建筑平面图

建筑平面图是建筑施工图的基本样图，它是假想用一水平的剖切面沿门窗洞位置将房屋剖切后，对剖切面以下部分所作的水平投影图。它可以反映房屋的平面形状、大小和布置，墙、柱的位置、尺寸和材料，门窗的类型和位置等。

对于多层建筑，一般每层应有一个单独的平面图。但一般建筑常常中间几层平面布置完全相同，这时就可以只用一个平面图表示，这种平面图称为标准层平面图。

4.1.2 绘制一层平面图

1. 绘图前准备设置

（1）在命令行中输入"LIMITS"命令设置图层界限，设置图幅尺寸为5000000×5000000。设置较大的数值可以使图幅足够用，方法如下：

命令：LIMITS

重新设置模型空间界限：

指定左下角点或 [开（ON）/ 关（OFF）] <0.0000,0.0000>:

指定右上角点 <420.0000,297.0000>: 5000000,5000000

（2）AutoCAD 2017 初始界面中菜单栏处于隐藏状态，为了方便作图，单击标题栏中靠近"工作空间"选项旁边的下拉三角 ▼ ，在下拉菜单中选择"显示菜单栏"，调出菜单栏。并且选择菜单栏中"工具"菜单中的"工具栏"，在右侧扩展菜单中打开"修改"、"图层"、"特性"以及"绘图"等常用浮动工具栏，并粘贴到绘图区两侧或是上部以便绘图时使用。

（3）单击"图层"工具栏中的"图层特性管理器"按钮 ，弹出相应的对话框，单击"新建"按钮 ，创建常用图层，如墙体、门、窗、楼梯、家具、轴线、标注、看线以及文字等。然后修改各个图层的颜色、线型和线宽，如图 4-1 所示。

图 4-1　"图层特性管理器"

2. 绘制轴线网

（1）单击"图层特性管理器"右边下拉按钮 ，选中轴线图层，可将轴线图层设置为当前图层。

（2）单击"绘图"工具栏中的"构造线"按钮 ，绘制一条水平构造线和竖直构造线，注意要按键盘上的"F8"开启正交捕捉，如图 4-2 所示。

（3）单击"修改"工具栏中的"偏移"按钮 ，将水平构造线和竖直构造线分别向上和向左偏移。竖直方向上相邻构造线偏移距离从左向右分别为 900、3300、3000、2700；水平方向上相邻构造线偏移距离从下向上分别为 900、3300、2400、2400、2700、900。为了方便说明，我们将竖直轴从左向右记为 1、2、3、4、5 轴，水平轴为 A、1/A、B、1/B、C、1/C、D 轴。如图 4-3 所示。

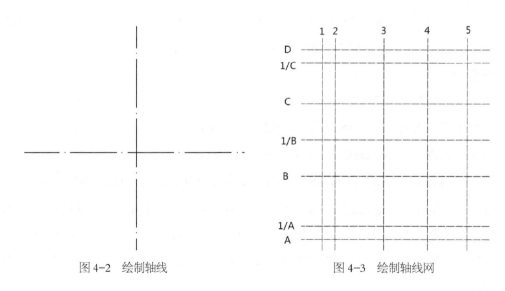

图 4-2　绘制轴线　　　　　　　　　　图 4-3　绘制轴线网

3. 绘制墙体

（1）设置图、层墙体为当前图层，单击菜单栏"绘图"|"多线"在命令行输入如下命令：

当前设置：对正 = 上，比例 = 20.00，样式 = STANDARD

指定起点或 [对正（J）/ 比例（S）/ 样式（ST）]: j

输入对正类型 [上（T）/ 无（Z）/ 下（B）] < 上 >: z

当前设置：对正 = 无，比例 = 20.00，样式 = STANDARD

指定起点或 [对正（J）/ 比例（S）/ 样式（ST）]: s

输入多线比例 <20.00>: 240

当前设置：对正 = 无，比例 = 240.00，样式 = STANDARD

按"F3"开启对象捕捉可以捕捉轴线交点，沿轴线画出平面图墙体，如图 4-4 所示，使用同样方法可以画出平面图内墙，如图 4-5 所示。

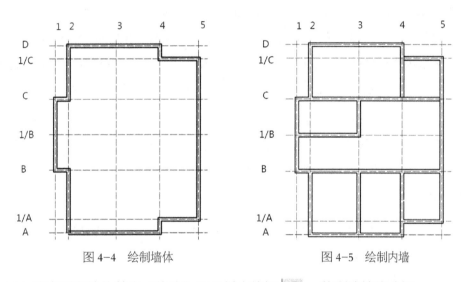

图 4-4　绘制墙体　　　　　　　图 4-5　绘制内墙

（2）选中所有墙体单击"修改"工具栏中按钮 ，将所选墙线分解。

（3）单击"修改"工具栏中"倒角"按钮 ，可以连接墙体拐角处未连接的部分，单击"修改"工具栏中"修剪"按钮 ，可以将内墙部分多余的线段裁切掉，整理之后如图 4-6 所示。

4. 绘制窗户

（1）单击"修改"工具栏中的"偏移"按钮 ，将 3 号轴向左偏移 300 为 3′，将 2 号轴向右偏移 1500 为 2′，单击"修改"工具栏中的"修剪"按钮 ，将偏移后的两个轴之间的 A 号轴墙体裁切掉，如图 4-7 所示，裁切出窗户位置。窗户绘制完成，删除偏移的轴。

（2）设置图层"窗"为当前图层，单击"绘图"工具栏中"直线"按钮 ，在裁切出窗户的位置绘制

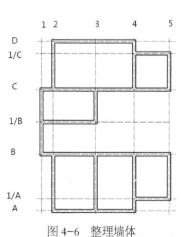

图 4-6　整理墙体

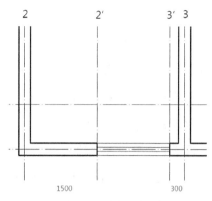

图 4-7 裁切窗户位置　　　　　　　图 4-8 绘制单个窗户

直线，如图 4-8 所示。

（3）单击"修改"工具栏中的"偏移"按钮 ，将 3 号轴向右偏移 300 为 3′，将 4 号轴向左偏移 1200 为 4′，在 A 号轴墙体上绘制第二个窗户。同样使用偏移命令，将 3 号轴分别向左向右偏移 300 为 3″和 3′，将 2 号轴向右偏移 1500 为 2′，在 4 号轴向左偏移 1200，在偏移的四个轴线之间 D 号轴墙体上绘制出第三、四个窗户。将 4 号轴向右偏移 600 为 4″，将 5 号轴向左偏移 600 为 5′，在 D 轴墙体上绘制第五个窗户。

（4）单击"修改"工具栏中的"偏移"按钮 ，将水平轴 B 轴、1/B 轴分别向上和向下偏移 750 为 B′和 1/B′，1/B 轴、C 轴分别向上和向下偏移 750 为 1/B′和 C′，在偏移轴之间 1 号轴墙体上绘制出第六、七个窗户，如图 4-9 所示。

5. 绘制门

（1）单击"修改"工具栏中的"偏移"按钮 ，将 3 号轴向左偏移 300 之后再向左偏移 900 分别记为 3′和 3″，单击"修改"工具栏中的"修剪"按钮 ，在偏移后的两个轴之间的 B 轴墙体上裁出门洞，如图 4-10 所示。

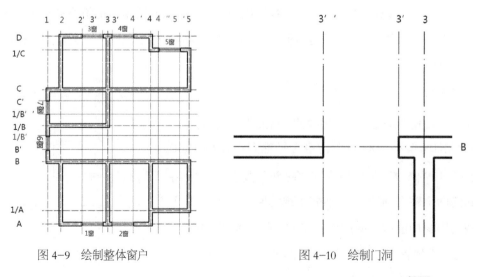

图 4-9 绘制整体窗户　　　　　　　图 4-10 绘制门洞

（2）设置图层"门"为当前图层，单击"绘图"工具栏中矩形按钮 ，在命令行

输入如下命令:

命令: RECTANG

指定第一个角点或 [倒角（C）/ 标高（E）/ 圆角（F）/ 厚度（T）/ 宽度（W）]:

指定另一个角点或 [面积（A）/ 尺寸（D）/ 旋转（R）]: d

指定矩形的长度 <10.0000>: 40

指定矩形的宽度 <10.0000>: 900

创建 40×900 的矩形表示门。单击"修改"工具栏中"移动"按钮 ，开启捕捉将所创建图形端点移动至预留门洞中点位置，如图 4-11 所示。

单击"绘图"工具栏中"圆"按钮 ，在命令行输入如下命令:

命令: CIRCLE

指定圆的圆心或 [三点（3P）/ 两点（2P）/ 切点、切点、半径（T）]:

指定圆的半径或 [直径（D）] <900.0000>: 900

（3）创建半径为 900 的矩形。单击"修改"工具栏中"移动"按钮 ，开启捕捉将所创建图形圆心捕捉到门与墙交界处，单击"修改"工具栏中的"修剪"按钮 ，将多余部分裁切掉，如图 4-12 所示。

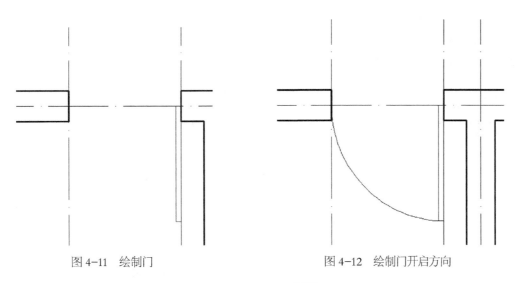

图 4-11 绘制门　　　　　　　　　　图 4-12 绘制门开启方向

（4）单击"修改"工具栏中的"偏移"按钮 ，将 3 号轴分右偏移 300 和 900 为 3′ 和 3″，单击"修改"工具栏中的"修剪"按钮 ，在 B 轴墙体上裁出预留门洞 a，将 4 号轴向右偏移 300 和 1200 为 4′ 和 4″，在 B 轴墙体上裁出预留门洞 b，在之前 3 号轴向左偏移的两个辅助轴线之间的 1/B 轴墙体上裁出预留门洞 c，将 3 号轴向右偏移 1120 为 3‴，5 号轴向左偏移 1120 为 5′，在两轴与其相邻的墙体之间 C 轴墙体上裁出预留门洞 d、e，将 D 轴向下偏移 300 和 900 为 D′ 和 D″，在 3 号轴墙体上裁出预留门洞，将 B 轴向下偏移 300 和 1200 为 B′ 和 B″，在 5 号墙体上裁出预留门洞 g，如图 4-13 所示。

（5）用同样的方法将部分预留门洞绘制出门与门开启方向线，如图 4-14 所示。

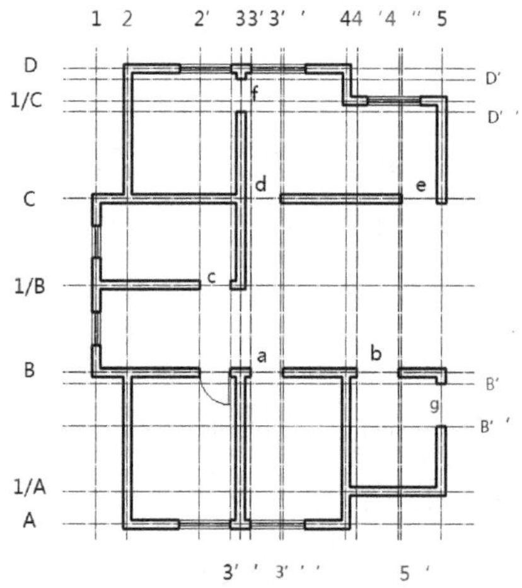

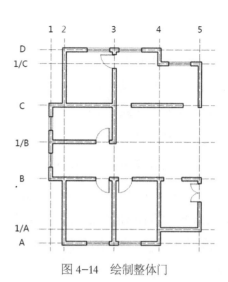

图 4-13 绘制门洞

图 4-14 绘制整体门

6. 绘制柱子

（1）设置图层墙体为当前图层，单击"绘图"工具栏中"矩形"按钮 ⬚ ，在命令行输入如下命令：

命令：RECTANG

指定第一个角点或 [倒角（C）/ 标高（E）/ 圆角（F）/ 厚度（T）/ 宽度（W）]:

指定另一个角点或 [面积（A）/ 尺寸（D）/ 旋转（R）]: d

指定矩形的长度 <40.0000>: 240

指定矩形的宽度 <900.0000>: 240

创建 240×240 的矩形，将矩形捕捉至 3 号轴和 B 轴交界处。

（2）单击"绘图"工具栏"填充"按钮 ⬚ ，填充图案选择"SOLID"，如图 4-15 所示。

（3）单击"修改"工具栏中"复制"命令 ⬚ ，对填充后的矩形进行复制，柱子分别分布在 3 号轴与 C 轴交点、4 号轴与 C 轴交点、4 号轴与 B 轴交点、5 号轴与 C 轴交点处、5 号轴与 B 轴交点，如图 4-16 所示。

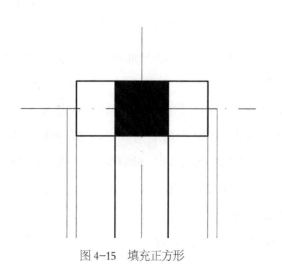

图 4-15 填充正方形

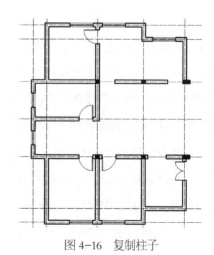

图 4-16 复制柱子

7.绘制弧形窗户

（1）因为1/B轴到C、B两轴线的距离相等，所以C、B轴之间的弧形窗户的圆心必然在1/B轴上。单击"绘图"工具栏中"圆"按钮 ⊘ ，开启捕捉圆心捕捉在1/B轴上创建半径为5300的圆形，单击"修改"工具栏中的"偏移"按钮 ⊿ ，将创建的圆形向外偏移60，偏移4次，将得到的4个同心圆选中，修改图层为"窗"，如图4-17所示。

（2）单击"绘图"工具栏中直线按钮 ╱ ，在C轴与弧形窗户交汇处作出4条间距为60的辅助线，如图4-18所示。

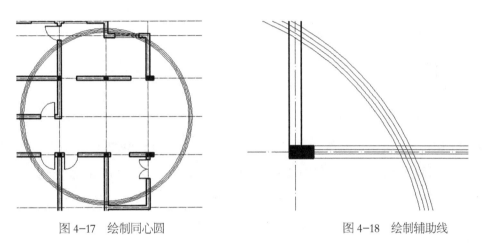

图 4-17　绘制同心圆　　　　　　　　　　图 4-18　绘制辅助线

（3）开启捕捉命令，单击"修改"工具栏中"移动"按钮 ✛ ，捕捉同心圆内圆与辅助线下线交点移动至柱子右下角端点处，单击"修改"工具栏中的"修剪"按钮 ⊰ 进行裁剪，如图4-19所示。采用同样的方法处理B轴窗户转折处，如图4-20所示。

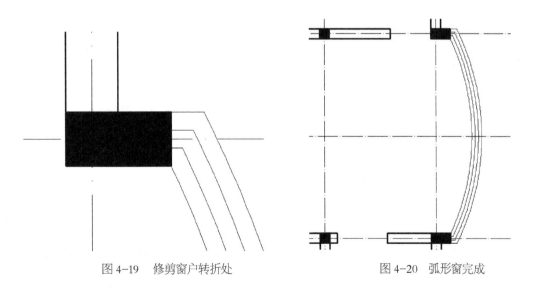

图 4-19　修剪窗户转折处　　　　　　　　图 4-20　弧形窗完成

8.绘制楼梯

（1）设置图层楼梯为当前图层，单击"绘图"工具栏中"直线"按钮 ╱ ，在B、1/B轴和2、3号轴之间的空白区间，沿墙边画一条竖直线，线长950。单击"修改"工具栏中的"偏移"按钮 📐，将所画线条向左偏移，依次偏移距离为 50、280、280、280、280、280 和 280，如图 4-21 所示。

（2）单击"修改"工具栏中的"偏移"按钮 📐，将墙线向上偏移 950，再次偏移 50 做出楼梯侧面挡板，将两条偏移线图层修改为"楼梯图层"，如图 4-22 所示。

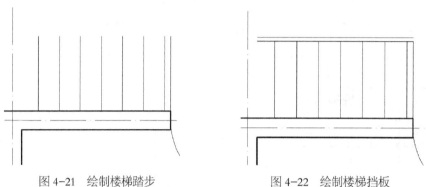

图 4-21　绘制楼梯踏步　　　　　　　　图 4-22　绘制楼梯挡板

（3）单击"绘图"工具栏中"直线"按钮 ✐，画出楼梯省略线。单击"修改"工具栏中的"延伸"按钮 ⟊，处理省略线与楼梯挡板处的衔接，如图 4-23 所示。

（4）单击"修改"工具栏中的"修剪"按钮 ⟊，裁去多余部分。单击"绘图"工具栏中"直线"按钮 ✐，给省略线添加符号，如图 4-24 所示。

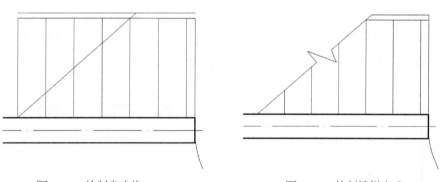

图 4-23　绘制省略线　　　　　　　　图 4-24　绘制楼梯完成

9. 绘制烟道、隔断和台阶

将墙体图层设置为当前图层，单击"绘图"工具栏中"直线"按钮 ✐，在 4 号轴与 C 轴交汇柱子左边绘制一条直线。单击"修改"工具栏中的"偏移"按钮 📐，将直线分别向左偏移 120、600、120，将墙体分别向下偏移 350、120。单击"修改"工具栏中的"修剪"按钮 ⟊，裁去多余线条，最后选择"看线"图层使用"直线"命令绘制镂空符号，如图 4-25 所示。

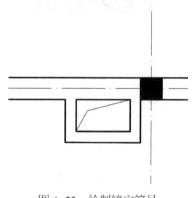

图 4-25　绘制镂空符号

10. 室内布置

（1）打开"图层"工具栏中"图层特性管理器"按钮 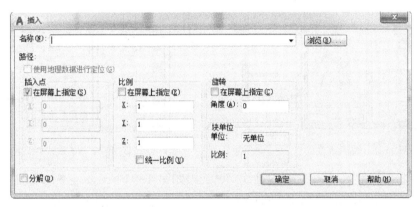，将"家具"图层设置为
当前图层。

（2）单击"绘图"工具栏中的"插入块"按钮，弹出"插入"对话框，如图
4-26 所示。单击"浏览"按钮，打开随书配套光盘中的"图库 / 组合沙发 01"文件，将
沙发插入到客厅的合适位置，如图 4-27 所示。

图 4-26　"插入"对话框

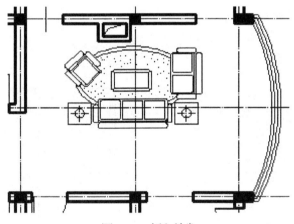

图 4-27　插入沙发

重复上述操作，将随书配置光盘中的"餐桌""吧台""洁具""棋牌室沙发""躺
椅"等文件插入到合适位置，结果如图 4-28 所示。

11. 添加尺寸标注和文字说明

（1）单击"图层"工具栏中的"图层特性管理器"按钮，将"标注"图层设为
当前图层。

（2）单击"绘图"工具栏中的"多行文字"按钮 A，添加文字说明，主要包括房
间及设施的功能等，结果如图 4-29 所示。

（3）单击"直线"按钮 和"多行文字"按钮 A，标注室内标高，结果如图
4-30 所示。

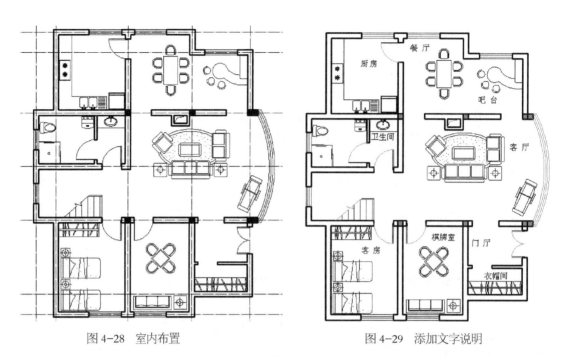

图 4-28　室内布置　　　　　　　　　　　图 4-29　添加文字说明

（4）打开"轴线"图层，修改轴线网，结果如图 4-31 所示。选择"标注"中的"标注样式"命令，弹出"标注样式管理器"对话框，新建"地下层平面图"标注样式；单击"直线"选项卡，设置"超出尺寸线"为"200"；单击"符号和箭头"选项卡，设置"箭头样式"为"建筑标记"、"箭头大小"为"200"；单击"文字"选项卡，设置"文字高度"为"300"、"从尺寸线偏移"为"100"。

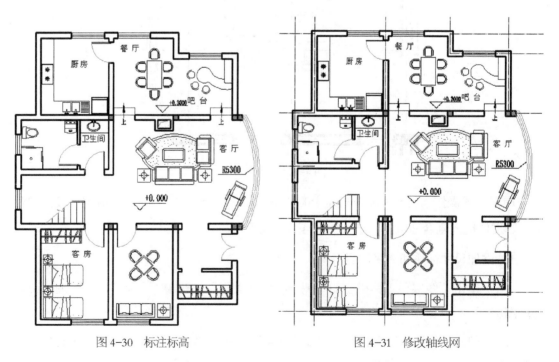

图 4-30　标注标高　　　　　　　　　　　图 4-31　修改轴线网

（5）单击"标注"工具栏中的"线性"按钮 ⊢⊣ 和"连续"按钮 ⊢⊢⊢ ，标注第一道尺寸，结果如图 4-32 所示。

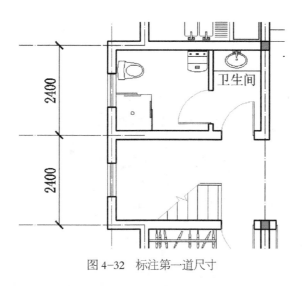

图 4-32　标注第一道尺寸

（6）重复上述操作，标注第二道尺寸和最外围尺寸，结果如图 4-33 所示。

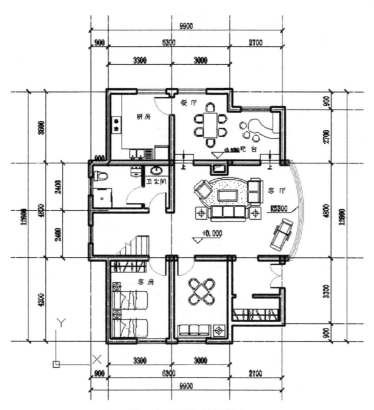

图 4-33　标注外围尺寸

（7）根据规范要求，横向轴号一般用阿拉伯数字 1、2、3 等标注，纵向轴号用字母 A、B、C 等标注。具体步骤如下：①单击"绘图"工具中的"圆"按钮 ⊘ ，在轴线端画一个直径为 900 的圆；②单击"绘图"工具栏中的"多行文字"按钮 A ，在圆的中央添加一个数字"1"，字高为 300，如图 4-34 所示；③重复上述动作，把标注轴线图绘制完成，如图 4-35 所示。

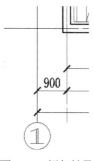

图 4-34　添加轴号

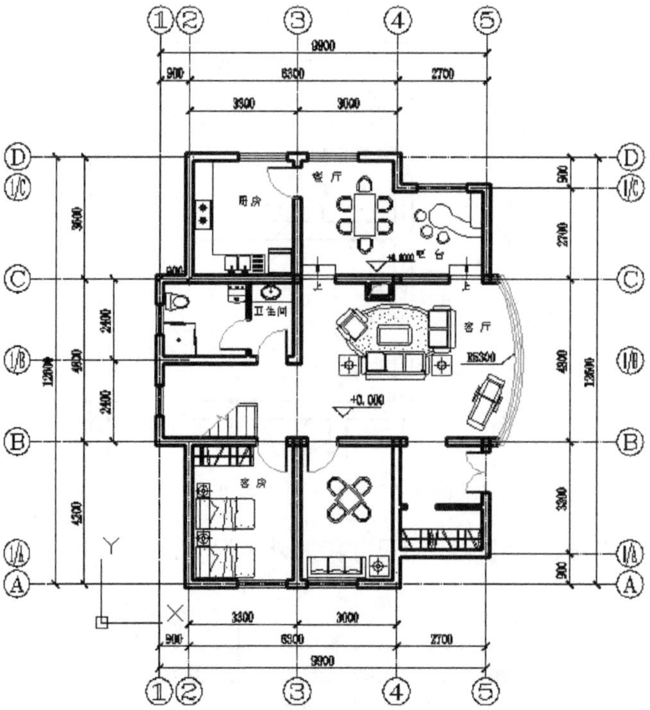

图 4-35　标志轴线号

（8）单击"绘图"工具栏中的"多行文字"按钮 **A** ，弹出"文字格式"工具栏，设置文字高度为 700，在文本区输入"一层平面图"，并在文字下方绘制一条直线，完成一层平面图的绘制，如图 4-36 所示。

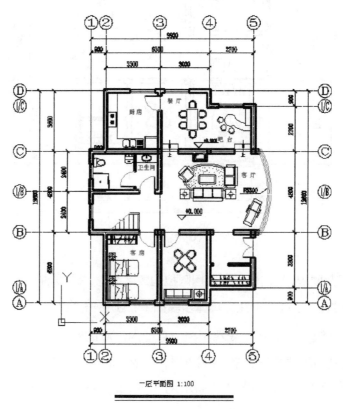

一层平面图 1:100

图 4-36　一层平面图完成

4.1.3 绘制二层平面图

1. 绘图前准备设置

（1）在命令行中输入"LIMITS"命令设置图层界限，设置图幅尺寸为5000000×5000000。设置较大的数值可以使图幅足够用，方法如下：

命令：LIMITS

重新设置模型空间界限：

指定左下角点或 [开（ON） / 关（OFF）] <0.0000,0.0000>: 5000000

指定右上角点 <420.0000,297.0000>: 500000

（2）AutoCAD 2017初始界面菜单栏处于隐藏状态，为了方便作图，单击标题栏中靠近"工作空间"选项旁边的下拉三角 ▼ ，在下拉菜单中选择"显示菜单栏"调出菜单栏。选择菜单栏中"工具"菜单中的"工具栏"，在右侧扩展菜单中打开"修改""图层""特性""绘图"等常用浮动工具栏，将其粘贴到绘图区两侧或上部以便绘图时使用。

（3）单击"图层"工具栏中的"图层特性管理器"按钮 🖼️ ，弹出"图层管理器"对话框，单击"新建"按钮 🖧 ，创建"墙体""门""窗""楼梯""家具""轴线""标注""看线""文字"等常用图层，然后修改各个图层的颜色、线型和线宽，如图4-37所示。

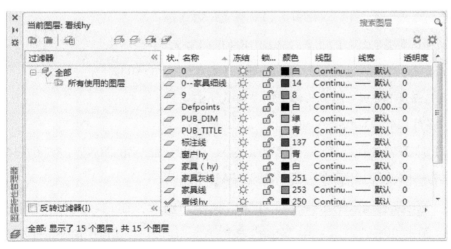

图4-37 图层管理器

2. 绘制轴线网

（1）单击"图层特性管理器"右侧下拉按钮 ▼ ，选中"轴线"图层，可将轴线图层设置为当前图层。

（2）单击"绘图"工具栏中的"构造线"按钮 ✐ ，绘制一条水平构造线和一条竖直构造线，注意要按键盘上的"F8"开启正交捕捉。如图4-38所示。

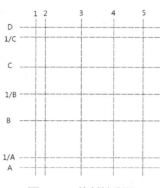

图 4-38 绘制轴线　　　　　　　　图 4-39 绘制轴线网

（3）单击"修改"工具栏中"偏移"按钮，将水平构造线和竖直构造线分别向上和向左偏移，竖直方向上相邻构造线偏移距离从左向右分别为 900、3300、3000、2700，水平方向上相邻构造线偏移距离从下向上分别为 900、3300、2400、2400、2700、900。为了方便说明，我们将竖直轴从左向右记为 1、2、3、4、5 轴，水平轴记为 A、1/A、B、1/B、C、1/C、D 轴，如图 4-39 所示。

3. 绘制墙体

（1）设置"墙体"图层为当前图层，单击菜单栏"绘图"|"多线"。在命令行输入如下命令。

命令：MLINE

当前设置：对正 = 无，比例 = 240.00，样式 = STANDARD

指定起点或 [对正（J）/ 比例（S）/ 样式（ST）]: j

输入对正类型 [上（T）/ 无（Z）/ 下（B）] < 无 >: z

当前设置：对正 = 无，比例 = 240.00，样式 = STANDARD

指定起点或 [对正（J）/ 比例（S）/ 样式（ST）]: s

输入多线比例 <240.00>: 240

按"F3"开启对象捕捉可以捕捉轴线交点，沿轴线画出平面图墙体，如图 4-40 所示，使用同样方法可以画出平面图内墙，如图 4-41 所示。

（2）选中所有墙体单击"修改"工具栏中的"分解"按钮，将所选墙线分解。

（3）单击"修改"工具栏中"倒角"按钮，可以连接墙体拐角处未连接的部分，单击"修改"工具栏中"修剪"按钮，可以将内墙多余的线段裁切掉，整理之后如图 4-42 所示。

4. 绘制窗户

（1）单击"修改"工具栏中的"偏移"按钮，将 3 号轴向左偏移 300，将 2 号轴向右偏移 1500。单击"修改"工具栏中的"修剪"按钮，将偏移后的两个轴之间的 A 号轴的墙体裁切掉，如图 4-43 所示，裁切出窗户位置。窗户绘制完成，删除偏移的轴。

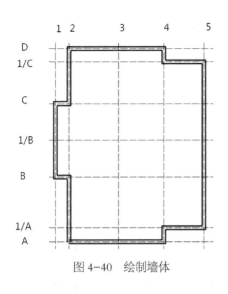

图 4-40　绘制墙体

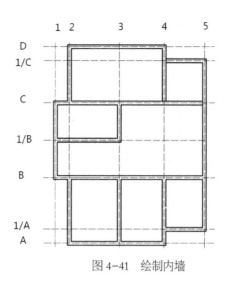

图 4-41　绘制内墙

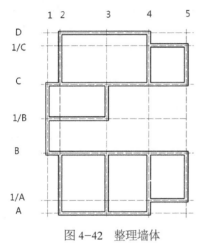

图 4-42　整理墙体

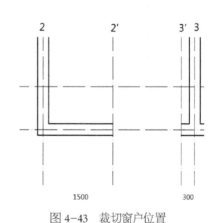

图 4-43　裁切窗户位置

（2）设置图层"窗"为当前图层，单击"绘图"工具栏中"直线"按钮 ，在裁切出窗户的位置绘制直线，如图 4-44 所示。

（3）单击"修改"工具栏中的"偏移"按钮 ，将 3 号轴向右偏移 300 为 3′，将 4 号轴向左偏移 1200 为 4′，在 A 号轴墙体上绘制第二个窗户。同样使用偏移命令，将 3 号轴分别向左、向右偏移 300 为 3′，将 2 号轴向右偏移 1500 为 2′，4 号轴偏移 1200，在偏移的四个轴线之间 D 号轴墙体上

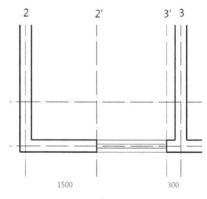

图 4-44　绘制单个窗户

绘制出第三、四个窗户。4 号轴向右偏移 600 为 4′，5 号轴向左偏移 600 为 5′，在 D 轴墙体上绘制第五个窗户。

（4）单击"修改"工具栏中的"偏移"按钮 ，将水平轴 B 轴、1/B 轴分别向上和向下偏移 750，1/B 轴、C 轴分别向上和向下偏移 750，在偏移轴之间 1 号轴墙体上绘制出第六、七个窗户，如图 4-45 所示。

5. 绘制门

（1）单击"修改"工具栏中的"偏移"按钮 ，将3号轴向左偏移300之后再向左偏移900分别记为3'和3"，单击"修改"工具栏中的"修剪"按钮 ，在偏移后的两个轴之间的B轴墙体上裁出门洞，如图4-46所示。

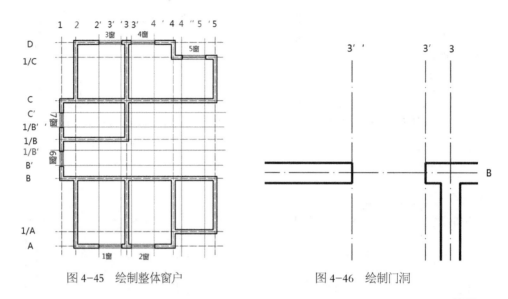

图4-45　绘制整体窗户　　　　　　　　　图4-46　绘制门洞

（2）设置图层"门"为当前图层，单击"绘图"工具栏中"矩形"按钮 ，在命令行输入如下命令。

命令：RECTANG

指定第一个角点或 [倒角（C）/ 标高（E）/ 圆角（F）/ 厚度（T）/ 宽度（W）]：

指定另一个角点或 [面积（A）/ 尺寸（D）/ 旋转（R）]：d

指定矩形的长度 <240.0000>：40

指定矩形的宽度 <240.0000>：900

创建 40×900 的矩形表示门。单击"修改"工具栏中"移动"按钮 ，开启捕捉将所创建图形端点移动至预留门洞的中点位置，如图4-47所示。

单击"绘图"工具栏中"圆"按钮 ，在命令行输入如下命令。

命令：CIRCLE

指定圆的圆心或 [三点（3P）/ 两点（2P）/ 切点、切点、半径（T）]：

指定圆的半径或 [直径（D）] <900.0000>：900

（3）创建半径为900的矩形。单击"修改"工具栏中"移动"按钮 ，开启捕捉将所创建图形圆心捕捉到门与墙交界处，单击"修改"工具栏中的"修剪"按钮 ，将多余部分裁切掉，如图4-48所示。

（4）单击"修改"工具栏中的"偏移"按钮 ，将3号轴向右偏移300和900为3'和3"，单击"修改"工具栏中的"修剪"按钮 ，在B轴墙体上裁出预留门洞a。将4号轴向右偏移300和1200为4'和4"，在B轴墙体上裁出预留门洞b。在之前3号轴向左偏移的两个辅助轴线之间的 C 轴墙体上裁出预留门洞 c。将 3 号轴向右偏移 1120 为 3″，5 号轴向左偏移 1120 为 5′，在两轴与其相邻的墙体之间 C 轴墙体上裁出预留门洞 d、e。如图 4-49 所示。

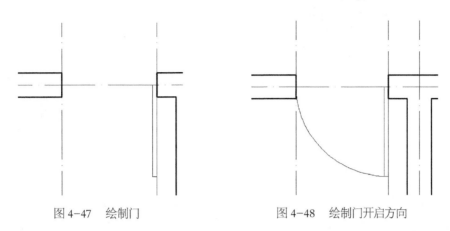

图 4-47　绘制门　　　　　　　　　　图 4-48　绘制门开启方向

（5）用同样的方法将其余部分预留门洞上绘制出门与门开启方向线，如图 4-50 所示。

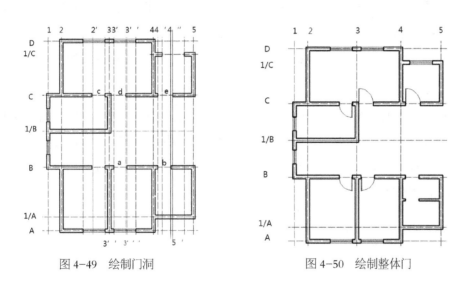

图 4-49　绘制门洞　　　　　　　　　图 4-50　绘制整体门

6. 绘制柱子

（1）设置图层"墙体"为当前图层，单击"绘图"工具栏中"矩形"按钮 口，在命令行输入如下命令。

命令：RECTANG

指定第一个角点或 [倒角（C）/ 标高（E）/ 圆角（F）/ 厚度（T）/ 宽度（W）]:

指定另一个角点或 [面积（A）/ 尺寸（D）/ 旋转（R）]: d

指定矩形的长度 <40.0000>: 240

指定矩形的宽度 <900.0000>: 240

创建 240×240 的矩形，将矩形捕捉至 3 号轴和 B 轴交界处。

（2）单击"绘图"工具栏"填充"按钮 ，填充图案选择"SOLID"，如图 4-51 所示。

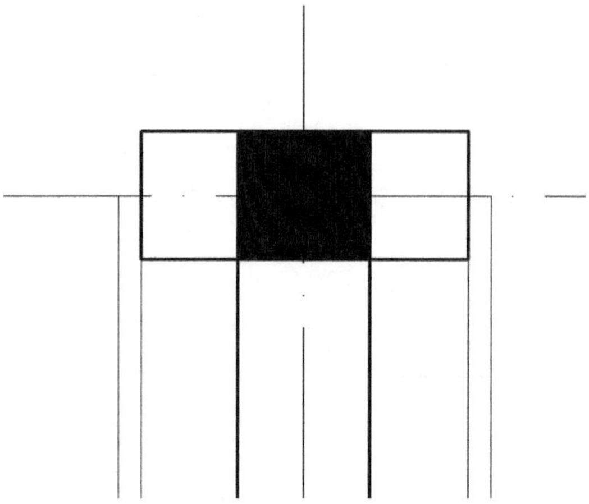

图 4-51　填充正方形 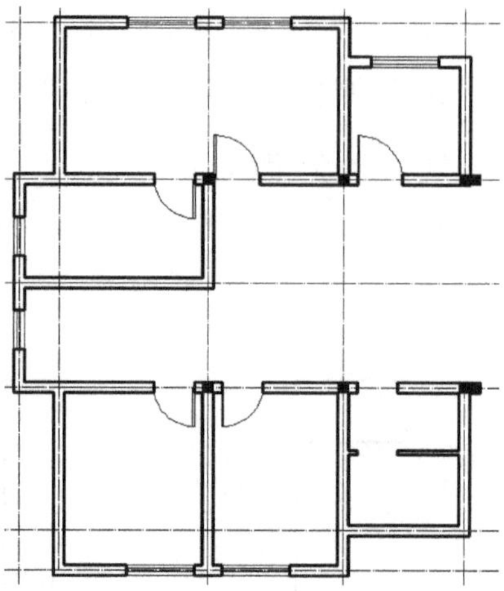　　　　　　　　图 4-52　复制柱子

（3）单击"修改"工具栏中"复制"命令 ，对填充后的矩形进行复制。柱子分别分布在 3 号轴与 C 轴交点、4 号轴与 C 轴交点、4 号轴与 B 轴交点、5 号轴与 C 轴交点以及向右相连两个柱子并在一起、5 号轴与 B 轴交点。如图 4-52 所示。

7.绘制弧形窗户

（1）因为 1/B 轴到 C、B 两轴线的距离相等，所以 C、B 轴之间的弧形窗户圆心必然在 1/B 轴上。单击"绘图"工具栏中的"圆"按钮 ，开启捕捉圆心捕捉在 1/B 轴上创建半径为 5300 的圆形。单击"修改"工具栏中的"偏移"按钮 ，将创建的圆形向外偏移 60，偏移 4 次，将得到的 4 个同心圆选中，修改图层为"窗"，如图 4-53 所示。

（2）单击"绘图"工具栏中的"直线"按钮 ，在 C 轴与弧形窗户交汇处作出 4 条间距为 60 的辅助线，如图 4-54 所示。

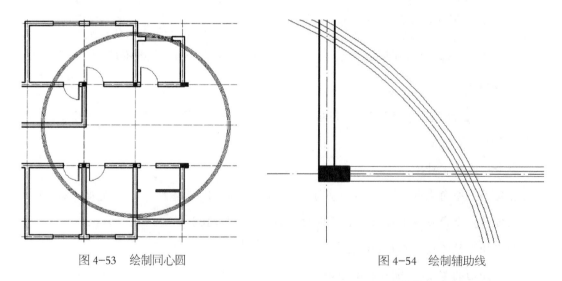

图 4-53　绘制同心圆　　　　　　　　图 4-54　绘制辅助线

（3）开启捕捉命令，单击"修改"工具栏中"移动"按钮 ，捕捉同心圆内圆与辅助线下线交点移动至柱子右下角端点处。单击"修改"工具栏中的"修剪"按钮 ，进行裁剪，如图 4-55 所示。用同样的方法处理 B 轴窗户转折处，如图 4-56 所示。

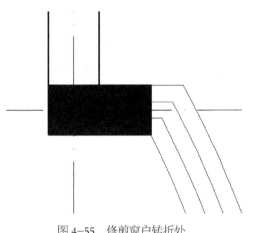

图 4-55　修剪窗户转折处

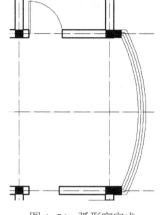

图 4-56　弧形窗完成

8. 绘制楼梯

（1）设置图层"楼梯"为当前图层，单击"绘图"工具栏中"直线"按钮 ，在 B、1/B 轴和 2、3 号轴之间的空白区间沿墙边画一条竖直线，线长 950。单击"修改"工具栏中的"偏移"按钮 ，将所画线条向左偏移，依次偏移距离为 50、280、280、280、280、280 和 280，如图 4-57 所示。

（2）单击"修改"工具栏中的"偏移"按钮 ，将墙线向上偏移 950，再次偏移 50，作出楼梯侧面挡板，将两条"偏移线"图层修改为"楼梯"图层，如图 4-58 所示。

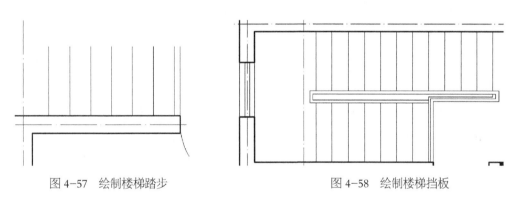

图 4-57　绘制楼梯踏步　　　　　　　　　　图 4-58　绘制楼梯挡板

（3）单击"绘图"工具栏中"直线"按钮 ，画出楼梯箭头，完成楼梯绘制，如图 4-59 所示。

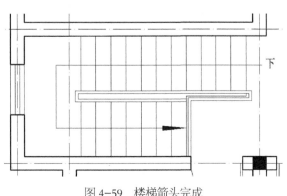

图 4-59　楼梯箭头完成

9. 绘制烟道和隔断

（1）将"墙体"图层设置为当前图层，单击"绘图"工具栏中的"直线"按钮 ✏️，在4号轴与C轴交汇的柱子左边绘制一条直线。单击"修改"工具栏中的"偏移"按钮 ⬜，将直线向左分别偏移120、600、120，将墙体分别向下偏移350、120。单击"修改"工具栏中的"修剪"按钮 ✂️，裁去多余线条，最后选择"看线"图层使用直线命令绘制镂空符号，如图4-60所示。

（2）单击"修改"工具栏中的"偏移"按钮 ⬜，进行偏移。

（3）单击"直线"工具 ✏️，绘制隔断，如图4-61所示。

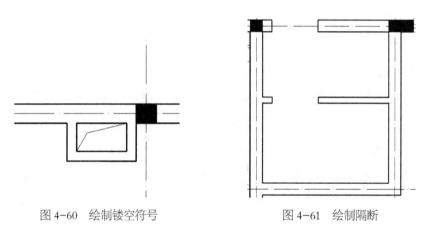

图4-60　绘制镂空符号　　　　　　　图4-61　绘制隔断

10. 室内布置

（1）打开"图层"工具栏中"图层特性管理器"按钮 📑，将"家具"图层设置为当前图层。

（2）单击"绘图"工具栏中的"插入块"按钮 🖼️，弹出"插入"对话框，如图4-62所示。单击"浏览"按钮，打开随书配套光盘中的"图库／主卧用品01"文件，将沙发插入到客厅的合适位置，如图4-63所示。

图4-62　"插入"对话框

（3）重复上述操作，将随书配置光盘中的"床""电脑""厨具""衣柜"等文件插入到合适位置，如图4-64所示。

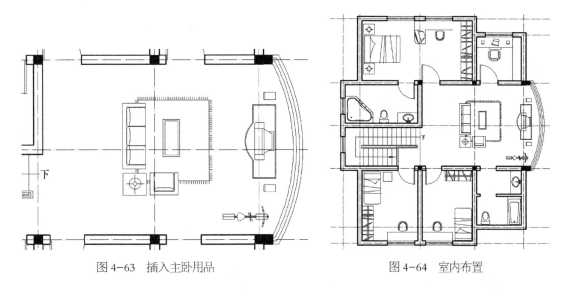

图 4-63　插入主卧用品　　　　　　　图 4-64　室内布置

11. 添加尺寸标注和文字说明

（1）单击"图层"工具栏中的"图层特性管理器"按钮 ，将"标注"图层设为当前图层。

（2）单击"绘图"工具栏中的"多行文字"按钮 A ，添加文字说明，主要包括房间及设施的功能等，如图 4-65 所示。

（3）单击"直线"按钮 和"多行文字"按钮 A ，标注室内标高，如图 4-66 所示。

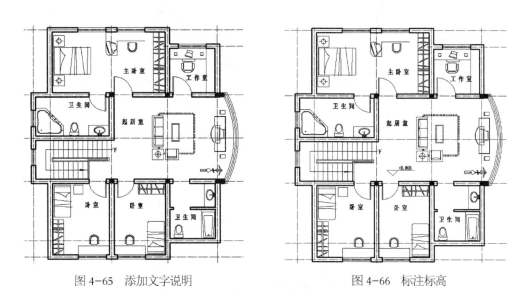

图 4-65　添加文字说明　　　　　　　图 4-66　标注标高

（4）打开"轴线"图层，修改轴线网，如图 4-67 所示。选择"标注"中的"标注样式"命令，弹出"标注样式管理器"对话框，新建"地下层平面图"标注样式；单击"直线"选项卡，设置"超出尺寸线"为"200"；单击"符号和箭头"选项卡，设置"箭头样式"为"建筑标记"、"箭头大小"为"200"；单击"文字"选项卡，设置"文字高度"为"300"、"从尺寸线偏移"为"100"。

（5）单击"标注"工具栏中的"线性"按钮 ┠┥ 和"连续"按钮 ┠┼┼ ，标注第一道尺寸，如图 4-68 所示。

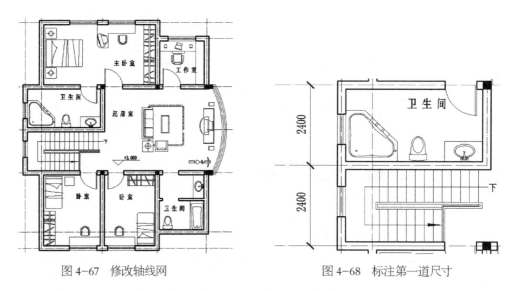

图 4-67　修改轴线网　　　　　　　　　　图 4-68　标注第一道尺寸

（6）重复上述操作，标注第二道尺寸和最外围尺寸，如图 4-69 所示。

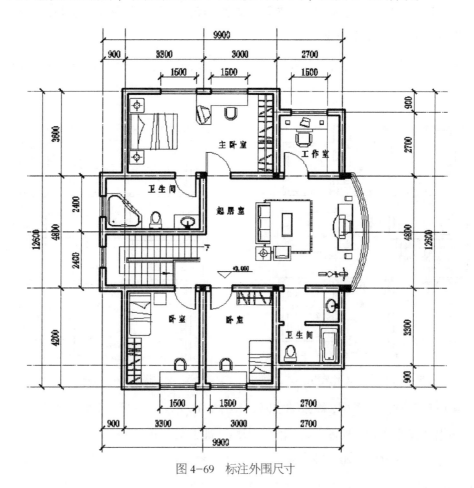

图 4-69　标注外围尺寸

（7）根据规范要求，横向轴号一般用阿拉伯数字 1、2、3 等标注，纵向轴号用字母 A、B、C 等标注。如图 4-70 所示。

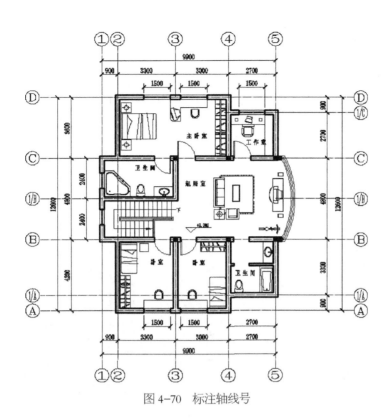

图 4-70　标注轴线号

（8）单击"绘图"工具栏中的"多行文字"按钮 A ，弹出"文字格式"工具栏，设置文字高度为 700，在文本区输入"二层平面图"，并在文字下方绘制一条直线，完成二层平面图的绘制，如图 4-71 所示。

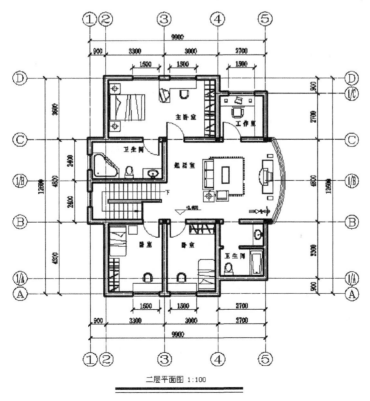

二层平面图 1:100

图 4-71　二层平面图完成

4.1.4 绘制顶面平面图

1. 绘制绘图环境

（1）在命令行中输入"LIMITS"命令设置图层界限，设置图幅尺寸为 5000000×5000000。

（2）单击"图层"工具栏中的"图层特性管理器"按钮 ，新建图层，如图 4-72 所示。

图 4-72 图层设置

2. 绘制轴线网

打开前面绘制的"二层平面图.dwg"，单击"修改"工具栏中的"复制"按钮 ，复制二层平面图的轴线并修改，如图 4-73 所示。

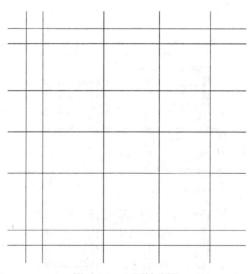

图 4-73 二层轴线图

3. 绘制屋顶平面

（1）单击"修改"工具栏中的"复制"按钮 ，复制一层和二层平面图的外轮廓线，如图 4-74 所示。

（2）单击"绘图"工具栏中的"直线"按钮 和"修改"工具栏中的"修剪"按

钮　，修改屋顶轮廓线，如图 4-75 所示。

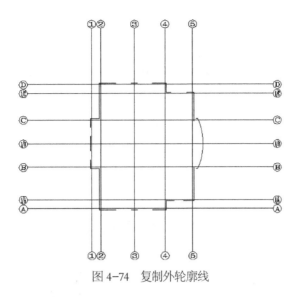

图 4-74　复制外轮廓线

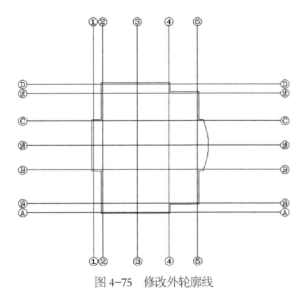

图 4-75　修改外轮廓线

（3）单击"修改"工具栏中的"偏移"按钮 🔳 ，将修改后的屋顶轮廓线向内偏移；然后单击"绘图"工具栏中的"直线"按钮 ╱ 和"修改"工具栏中的"修剪"按钮 ，修改屋顶轮廓线，再修改轴线号颜色，如图 4-76 所示。

4. 添加尺寸标注和文字说明

（1）单击"图层"工具栏中的"图层特性管理器"按钮 🔳 ，将"标注"图层设为当前图层。

（2）单击"绘图"工具栏中的"直线"按钮 ╱ 和"多行文字"按钮 **A** ，标注屋顶标高结果，如图 4-77 所示。

（3）单击"标注"工具栏中的"线性"按钮 🔳 和"连续"按钮 🔳 ，标注细部尺寸和外围尺寸，如图 4-78 所示。

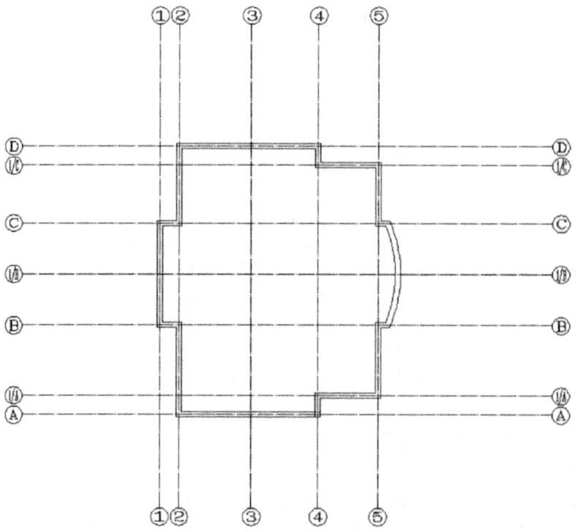

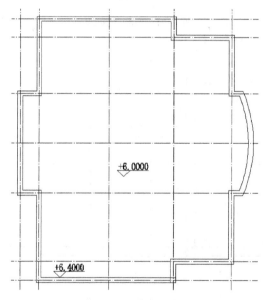

图 4-76　屋顶外轮廓

图 4-77　绘制标高

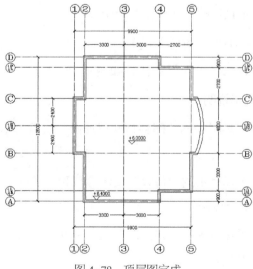

图 4-78　顶层图完成

4.2　绘制建筑立面图

4.2.1　什么是建筑立面图

建筑立面图是用来研究建筑立面的造型和装修的图样，主要反映房屋的外貌和立面装修的做法。立面图是直接用正投影方法将建筑的各个墙面进行投影所得的正投影。一般来说，建筑立面图上的图示内容有墙体外轮廓、内部凹凸轮廓、门窗、入口台阶及坡道、雨棚、窗台、窗楣、壁柱、檐口、栏杆、外露楼梯、各种脚线等。从理论上讲，所有建筑配件的正投影图均要反映在立面图上。但实际上，一些比例较小的细部可以简化或用比例来代替。

4.2.2　绘制建筑东立面图

1. 绘图前准备设置

（1）在命令行中输入"LIMITS"命令设置图层界限，设置图幅尺寸为5000000×5000000。设置较大的数值可以使图幅足够使用，方法如下：

命令：LIMITS

重新设置模型空间界限：

指定左下角点或 [开（ON）/ 关（OFF）] <0.0000,0.0000>: 0,0

指定右上角点 <420.0000,297.0000>: 5000000,5000000

（2）AutoCAD 2017 初始界面菜单栏处于隐藏状态，为了方便作图，单击标题栏中靠近"工作空间"选项旁边的下拉三角 ▼ ，在下拉菜单中选择"显示菜单栏"调出菜单栏。并且选择菜单栏中"工具"菜单的"工具栏"，右侧扩展菜单中打开"修改"、"图层"、"特性"以及"绘图"等常用浮动工具栏，并把其粘贴到绘图区两侧或上部以便绘图使用。

（3）单击"图层"工具栏中的"图层特性管理器"按钮 ，弹出"图层管理器"对话框，单击"新建"按钮 ，创建"立面"图层，图层参数采用默认设置。

2. 绘制定位辅助线

（1）单击"图层特性管理器"右侧下拉按钮 ▼ ，选中"立面"图层，可将"立面"图层设置为当前图层。单击"修改"工具栏中的"旋转"按钮 ○ ，将"立面"图层旋转90°。

（2）单击"绘图"工具栏中"直线"按钮 ，在一层平面图下方绘制一条地平线，地平线上方留出足够的绘图空间。

（3）单击"绘图"工具栏中"直线"按钮 ，由一层平面图向下引出定位辅助线，包括墙体外轮廓、墙体转折处以及柱轮廓线等。

（4）单击"修改"工具栏中的"偏移"按钮 ，根据室内外高差、各层层高、屋面标高等绘制楼层定位辅助线，如图 4-79 所示。

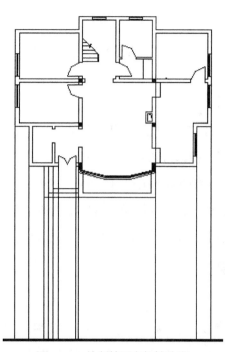

图 4-79　绘制楼层定位辅助线

（5）单击"绘图"工具栏中的"直线"按钮 ⁄ ，绘制一层竖向定位辅助线，如图 4-80 所示。用同样的方法绘制二层竖向定位辅助线，如图 4-81 所示。

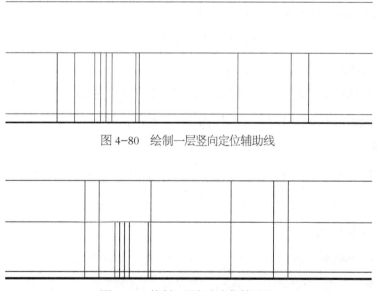

图 4-80　绘制一层竖向定位辅助线

图 4-81　绘制二层竖向定位辅助线

3. 绘制一层立面图

（1）单击"绘图"工具栏中的"直线"按钮 ⁄ 和"修改"工具栏中的"偏移"按钮 ⏚ 绘制台阶，台阶的踏步高度为 150，如图 4-82 所示。

（2）单击"修改"工具栏中的"偏移"按钮，将二层室内楼面定位线分别向下偏移，确定门的水平定位直线，如图 4-83 所示。单击"绘图"工具栏中的"直线"按钮 ⁄ 和"修改"工具栏中的"修剪"按钮  绘制门框和门扇，如图 4-84 所示。

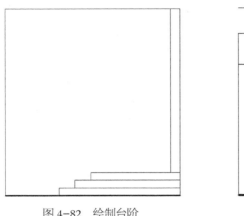

图 4-82　绘制台阶

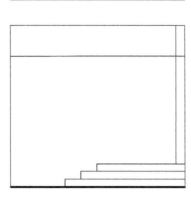

图 4-83　绘制门的水平定位直线

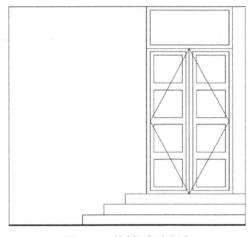

图 4-84　绘制门框和门扇

（3）单击"修改"工具栏中的"修剪"按钮  ，修剪坎墙的定位辅助线，完成坎墙的绘制，如图 4-85 所示。

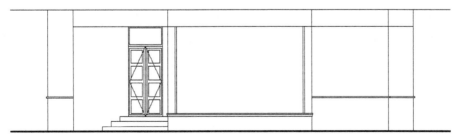

图 4-85　绘制坎墙

（4）单击"修改"工具栏中的"修剪"按钮  和"偏移"按钮  ，根据砖柱的定位辅助线绘制一层砖柱，如图 4-86 所示。

（5）单击"修改"工具栏中"偏移"按钮  ，将坎墙线依次向上偏移，然后单击"修改"工具栏中的"偏移"按钮  ，偏移最左侧砖柱的最右侧竖直直线，连续偏移，再单

击"修改"工具栏中的"阵列"按钮 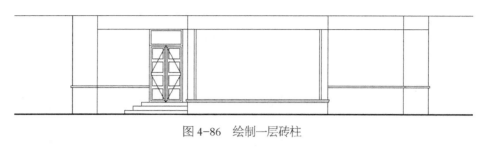，将偏移的竖直线阵列，完成一层栏杆的绘制，如图 4-87 所示。

图 4-86　绘制一层砖柱

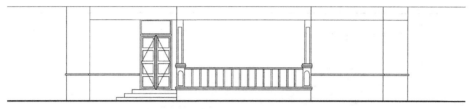

图 4-87　绘制一层栏杆

（6）单击"绘图"工具栏中的"直线"按钮 以及"修改"工具栏中的"偏移"按钮 和"修剪"按钮 ，绘制一层窗户，如图 4-88 所示。

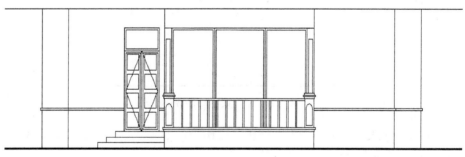

图 4-88　绘制一层窗户

（7）根据定位辅助线，单击"绘图"工具栏中的"直线"按钮 以及"修改"工具栏中的"偏移"按钮 和"修剪"按钮 ，绘制一层屋檐，完成一层立面图的绘制，如图 4-89 所示。

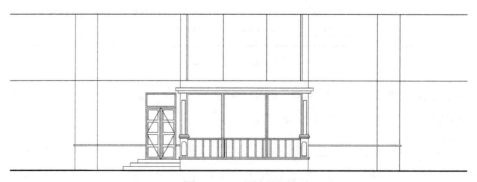

图 4-89　一层立面图

4.绘制二层立面图

（1）单击"修改"工具栏中的"修剪"按钮 ✂ 和"偏移"按钮 ⟂，根据砖柱的定位辅助线绘制二层砖柱，如图4-90所示。

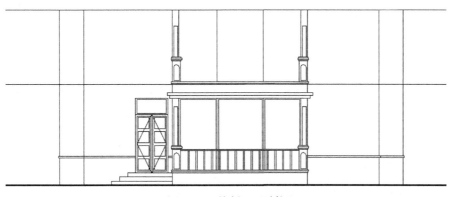

图4-90　绘制二层砖柱

（2）单击"修改"工具栏中的"复制"按钮 ⟲，将一层立面图中的栏杆复制到二层立面图中并加以修改，如图4-91所示。

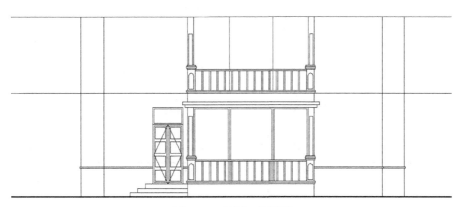

图4-91　绘制二层栏杆

（3）单击"修改"工具栏中的"复制"按钮 ⟲，将一层立面图中的窗户复制到二层立面图中并加以修改，如图4-92所示。

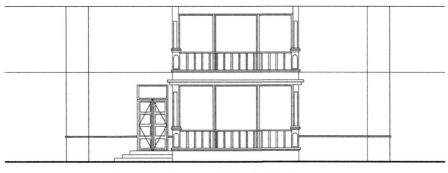

图4-92　绘制二层窗户

（4）单击"绘图"工具栏中的"直线"按钮 ✏ 以及"修改"工具栏中的"偏移"

按钮 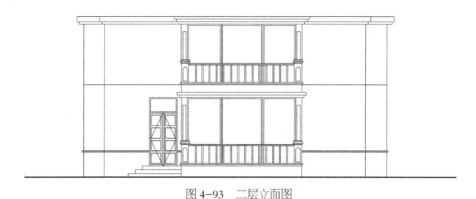 和"修剪"按钮 绘制二层屋檐，完成二层立面图的绘制，如图 4-93 所示。

图 4-93　二层立面图

5. 添加文字说明和标注

单击"绘图"工具栏中的"直线"按钮 和"多行文字"按钮 ，进行标高标注并添加文字说明，完成东立面图的绘制，如图 4-94 所示。

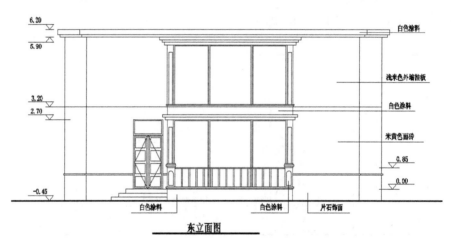

图 4-94　东立面图

4.2.3　西立面图的绘制

1. 绘制定位辅助线

（1）单击"图层"工具栏中的"图层特性管理器"按钮 ，将"立面图"设为当前图。

（2）单击"修改"工具栏中的"旋转"按钮 ，将一层平面图旋转 180°；单击"绘图"工具栏中的"直线"按钮 ，在一层平面图下方绘制一条地平线，地平线上方需留出足够的绘图空间。

（3）单击"绘图"工具栏中的"直线"按钮 ，由一层平面图向下引出定位辅助线，包括墙体外轮廓、墙体转折处以及柱轮廓等，如图 4-95 所示。

（4）单击"修改"工具栏中的"偏移"按钮 ，根据室内外高差、各层层高、屋面标高等来确定楼层定位辅助线，如图 4-96 所示。

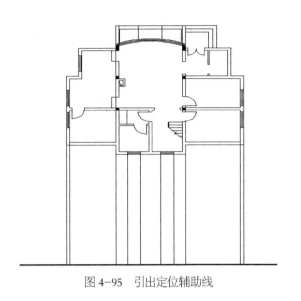

图 4-95 引出定位辅助线

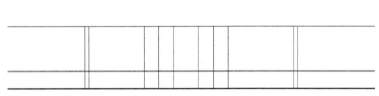

图 4-96 确定楼层定位辅助线

（5）单击"修改"工具栏中的"旋转"按钮 ⟳ 将二层平面图旋转 180°，然后单击"绘图"工具栏中的"直线"按钮 ╱，绘制二层竖向定位辅助线，如图 4-97 所示。

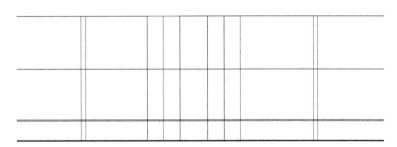

图 4-97 绘制二层竖向定位辅助线

2.绘制一层立面图

（1）单击 "修改"工具栏中的"修剪"按钮 ⊹⊹，修剪墙坎的定位辅助线，完成墙坎的绘制，如图 4-98 所示。

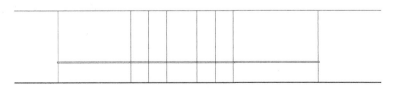

图 4-98 绘制墙坎

（2）单击"绘图"工具栏中的"直线"按钮 ╱ 以及"修改"工具栏中的"偏移"按钮 ⬛ 和"修剪"按钮 ╱─，绘制一层的窗户，如图 4-99 所示。

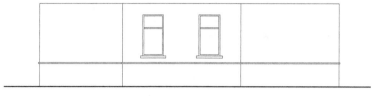

图 4-99　绘制一层窗户

（3）根据定位辅助线，单击"绘图"工具栏中的"直线"按钮 ╱，完成一层立面图的绘制，如图 4-100 所示。

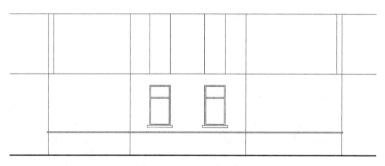

图 4-100　一层立面图

3. 绘制二层立面图

（1）单击"修改"工具栏中的"修剪"按钮 ╱─ 和"偏移"按钮 ⬛，根据定位辅助线绘制二层立面图。

（2）单击"修改"工具栏中的"复制"按钮 ⟳，将一层立面图中的窗户复制到二层立面图中并加以修改，如图 4-101 所示。

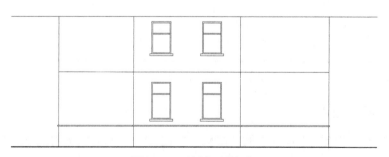

图 4-101　绘制二层窗户

（3）单击"绘图"工具栏中"直线"按钮 ╱ 以及"修改"工具栏中的"偏移"按钮 ⬛ 和"修剪"按钮 ╱─，根据定位辅助线，绘制二层屋檐，如图 4-102 所示。

4. 添加文字说明和标注

单击"绘图"工具栏中的"直线"按钮 ╱ 和"多行文字"按钮 Ａ，进行标高标注并添加文字说明，完成西立面图的绘制，如图 4-103 所示。

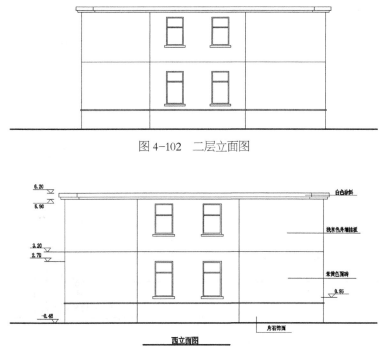

图 4-102　二层立面图

图 4-103　西立面图

4.2.4　南立面图的绘制

1. 绘制定位辅助线

（1）单击"图层"工具栏中的"图层特性管理器"按钮 🗐 ，将"立面"图层设为当前图层。

（2）单击"绘图"工具栏中的"直线"按钮 ✐ ，绘制两条直线，直线1与西立面图在同一水平线上，作为南立面图的地平线，直线2与平面图在最下边处于同一水平线上，然后绘制一条竖直直线3作为南立面图的最右边线，再由直线2和直线3的交点左斜45°绘制一条直线，由平面图向左引投影线交于斜线，再由相应的交点向下引至地平线，最后由西立面图向左引出立面竖向高度控制线，确定南立面图的一层定位直线，如图4-104 所示。

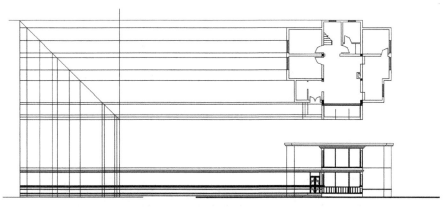

图 4-104　绘制一层定位辅助线

（3）复制"一层平面图"、"二层平面图"和"东立面图"，单击"绘图"工具栏中的"直线"按钮 ，修剪一层、二层定位辅助线，确定南立面图一层、二层定位辅助线，如图 4-105 所示。

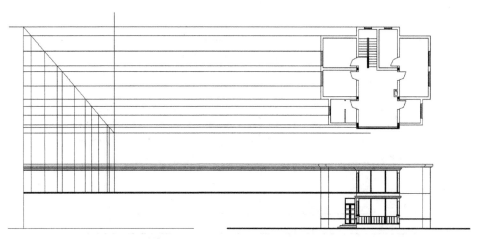

图 4-105　确定一层、二层定位辅助线

（4）单击"修改"工具栏中的"修剪"按钮 ，修剪一层、二层的定位辅助线，如图 4-106 所示。

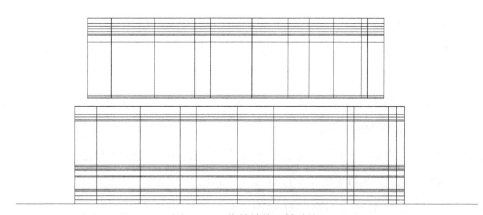

图 4-106　修剪并整理辅助线

（5）单击"绘图"工具栏中的"直线"按钮 绘制地平线，如图 4-107 所示。

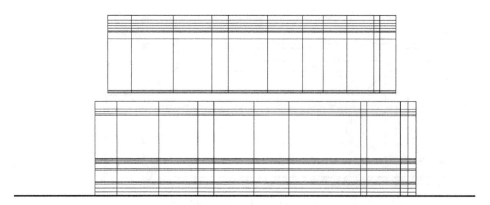

图 4-107　绘制地平线

2.绘制一层立面图

（1）单击"绘图"工具栏中的"直线"按钮 ✏ 和"修改"工具栏中的"修剪"按钮 ╱̶ ，根据定位辅助线绘制坎墙和楼梯，如图4-108所示。

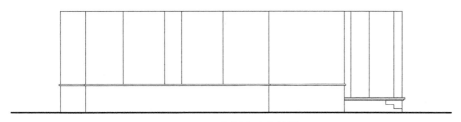

图4-108 绘制坎墙和楼梯

（2）单击"修改"工具栏中的"复制"按钮 ⚙ ，将东立面图中的砖柱复制到南立面图中，绘制一层砖柱，如图4-109所示。

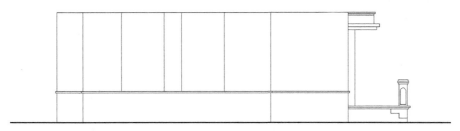

图4-109 绘制一层砖柱

（3）单击"修改"工具栏中的"复制"按钮 ⚙ ，将东立面图中的栏杆复制到南立面图中并加以修改，绘制一层栏杆，如图4-110所示。

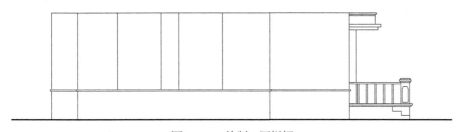

图4-110 绘制一层栏杆

（4）单击"绘图"工具栏中的"直线"按钮 ✏ ，绘制一层窗户，如图4-111所示。

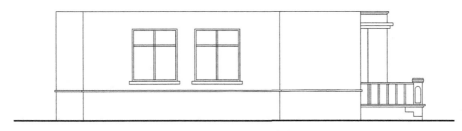

图4-111 绘制一层窗户

（5）单击"修改"工具栏中的"偏移"按钮 ⬢ 和"修剪"按钮 ╱̶ ，根据定位辅助线完成一层立面图，如图 4-112 所示。

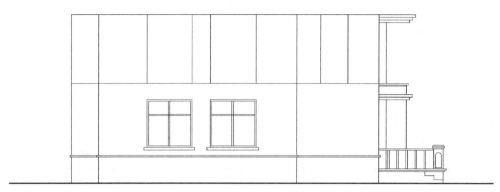

图 4-112　一层立面图

3. 绘制二层立面图

（1）单击"修改"工具栏中的"复制"按钮 ，复制一层立面图的砖柱到二层立面图，如图 4-113 所示。

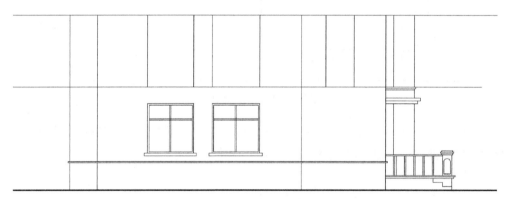

图 4-113　绘制二层砖柱

（2）单击"修改"工具栏中的"复制"按钮 ，将一层立面图中的窗户复制到二层立面图中并修改，如图 4-114 所示。

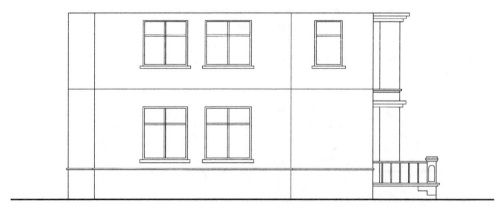

图 4-114　绘制二层窗户

（3）单击"绘图"工具栏中的"直线"按钮 以及单击"修改"工具栏中的"偏移"

按钮 ![按钮图标] 和"修剪"按钮 ![修剪图标] ，根据定位辅助线绘制二层屋檐，完成二层立面图，如图 4-115 所示。

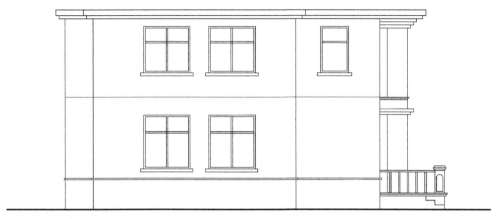

图 4-115　二层立面图

4. 添加文字说明和标注

单击"绘图"工具栏中的"直线"按钮 ![直线图标] 和"多行文字"按钮 ![多行文字图标] ，进行标高标注并添加文字说明，完成南立面图的绘制，如图 4-116 所示。

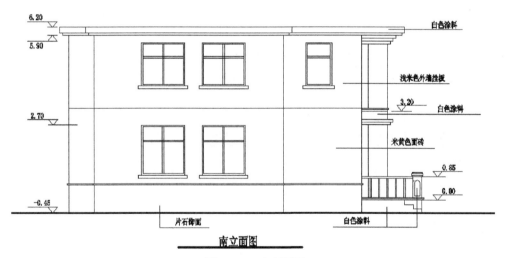

图 4-116　南立面图

4.2.5　北立面图的绘制

1. 绘制定位辅助线

（1）单击"图层"工具栏中的"图层特性管理器"按钮 ![图层特性管理器图标] ，创建"立面"图层，图层参数采用默认设置。

（2）单击"图层"工具栏中的"图层特性管理器"右侧下拉按钮 ![下拉按钮] ，选中"立面"图层，可将"立面"的图层设置为当前图层。

（3）用绘制南立面图定位辅助线的方法来绘制北立面图的定位辅助线。如图 4-117 所示。

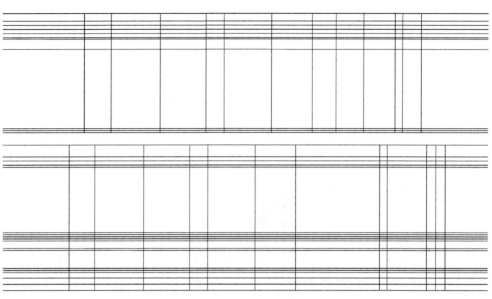

图 4-117　绘制定位辅助线

（4）单击"绘图"工具栏中的"直线"按钮 ╱ 绘制地平线，如图 4-118 所示。

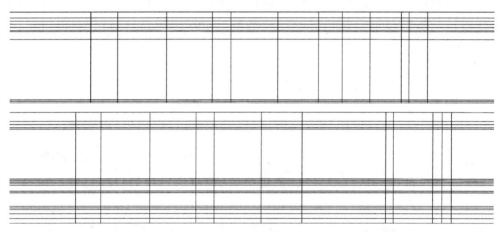

图 4-118　绘制地平线

2. 绘制一层立面图

（1）单击"绘图"工具栏中的"直线"按钮 ╱ 和"修改"工具栏中的"修剪"按钮 ⁄-，根据定位辅助线绘制坎墙，如图 4-119 所示。

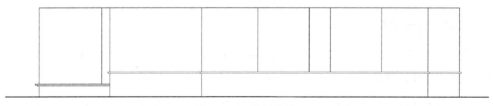

图 4-119　绘制坎墙

（2）单击"修改"工具栏中的"复制"按钮 ，将东立面图中的砖柱复制到北立面图中，绘制一层砖柱，如图 4-120 所示。

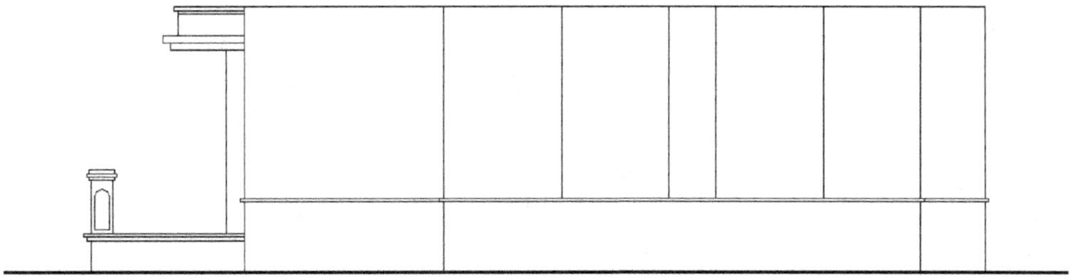

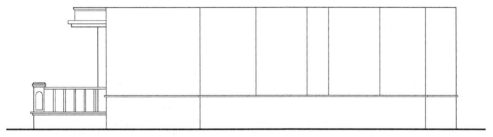

图 4-120　绘制一层砖柱

（3）单击"修改"工具栏中的"复制"按钮 ![复制] ，将东立面图中的栏杆复制到北立面图中并加以修改，绘制一层栏杆，如图 4-121 所示。

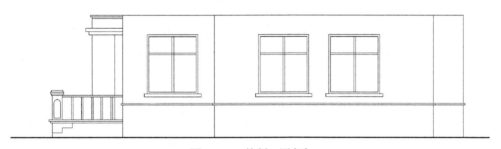

图 4-121　绘制一层栏杆

（4）单击"绘图"工具栏中的"直线"按钮 ![直线] 绘制一层窗户，如图 4-122 所示。

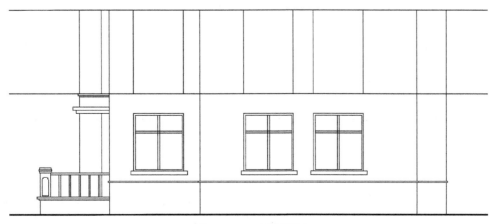

图 4-122　绘制一层窗户

（5）单击"修改"工具栏中的"偏移"按钮 ![偏移] 和"修剪"按钮 ![修剪] ，根据定位辅助线完成一层立面图的绘制，如图 4-123 所示。

图 4-123　一层立面图

3.绘制二层立面图

（1）单击"修改"工具栏中的"复制"按钮 ，复制一层立面图的砖柱到二层立面图。

（2）单击"修改"工具栏中的"复制"按钮 ，将一层立面图中的窗户复制到二层立面图中加以修改。如图 4-124 所示。

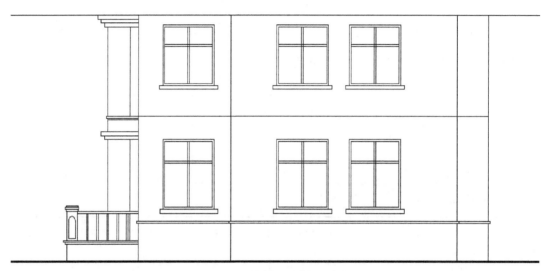

图 4-124　绘制二层砖柱和窗户

（3）单击"绘图"工具栏中的"直线"按钮 以及"修改"工具栏中的"偏移"按钮 和"修剪"按钮 ，根据定位辅助线绘制二层屋檐，完成二层立面图，如图 4-125 所示。

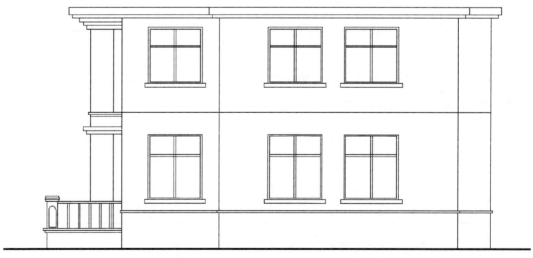

图 4-125　二层立面图

4.添加文字说明和标注

单击"绘图"工具栏中的"直线"按钮 和"多行文字"按钮 ，进行标高标注并添加文字说明，完成北立面图的绘制，如图 4-126 所示。

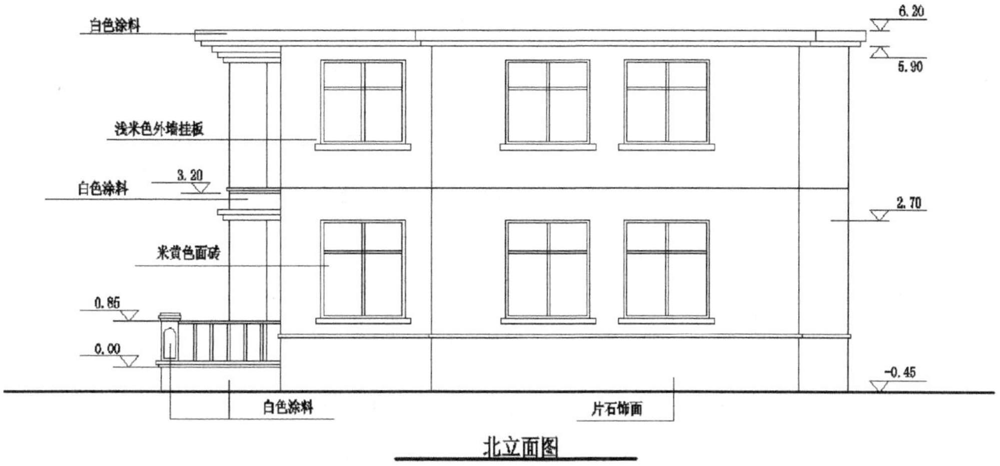

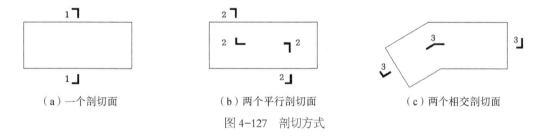

图 4-126　北立面图

4.3　绘制建筑剖面图

4.3.1　什么是建筑剖面图

剖面图是指假想用一个剖面将建筑物的某一位置剖开，移去一侧后，剩下的一侧沿剖视方向所作的正投影图。根据工程的需要，绘制剖面图可以选择一个剖切面、两个平行的剖切面或两个相交的剖切面，如图 4-127 所示。对于两个剖切面相交的情形，应在图中注明"展开"二字。剖面图与断面图的区别在于，剖面图除了表示剖切的部位外，还应表示出投射方向看到的构配件轮廓，而断面图只需要表示剖切的部位。

（a）一个剖切面　　　　（b）两个平行剖切面　　　　（c）两个相交剖切面

图 4-127　剖切方式

4.3.2　剖切位置及投射方向选择

剖面图应根据图纸的用途或设计深度，在平面图上选择空间复杂、能反映全貌和构造特征并且有代表性的部位进行剖切。

投射方向一般宜向左或向上，也可根据工程情况而定。在底层平面图中，剖切符号短线指向为投射方向。剖面图编号标在投射方向一侧，剖切线若有转折，应在转角的外侧加注与该符号相应的编号。

4.3.3　绘制建筑剖面图步骤

1. 设置绘图环境

（1）在命令行中输入"LIMITS"命令，设置图幅尺寸为 5000000×5000000。

（2）单击"图层"工具栏中的"图层特性管理器"按钮 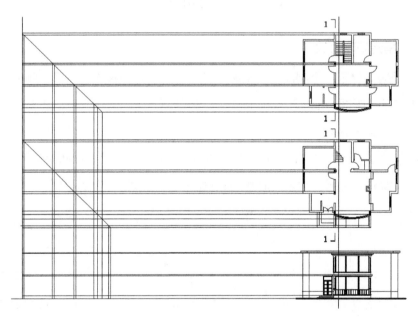，创建"剖面"图层，参数采用默认设置。

2.绘制定位辅助线

（1）单击"图层"工具栏中的"图层特性管理器"按钮 ，将"剖面"图层设置为当前图层。

（2）复制随书光盘中的"一层平面图.dwg"和"二层平面图.dwg"文件以及"南立面图.dwg"文件，并将暂时不用的图层关闭。为便于从中引出定位辅助线，单击"绘图"工具栏中的"构造线"按钮 ，在剖切位置绘制一条构造线。

（3）单击"绘图"工具栏中的"直线"按钮 ，在立面图左侧同一水平线上绘制室外地平线；然后采用绘制立面图定位辅助线的方法绘制出剖面图的定位辅助线，如图4-128所示。

图 4-128　绘制定位辅助线

3.绘制剖面图

（1）单击"绘图"工具栏中的"直线"按钮 和"修改"工具栏中的"偏移"按钮 ，根据平面图中的室内外标高确定楼板层和地平线的位置，然后单击"修剪"命令按钮 ，修剪多余的线段。

（2）单击"绘图"工具栏中的"图案填充"按钮 ，将室外地平线和楼板层填充为"SOLID"图案，如图4-129所示。

（3）用上述同样的方法绘制出二层楼板和屋顶楼板。单击"修改"工具栏中的"修改"按钮 ，修剪墙体，然后设置修剪后的墙体线宽为0.3，形成墙体剖面线，如图4-130所示。

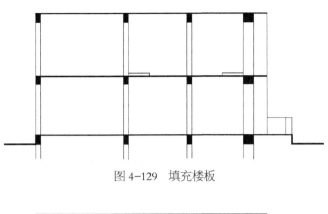

图 4-129　填充楼板

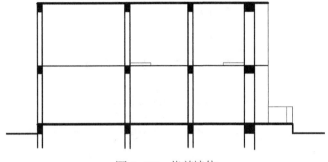

图 4-130　修剪墙体

（4）绘制门窗。单击"修改"工具栏中的"修剪"按钮 ，绘制门窗洞口；然后选择菜单栏中的"绘图"以及"多线"命令绘制门窗，绘制方法与平面图和立面图中绘制门窗的方法相同。如图 4-131 所示。

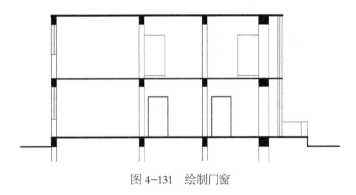

图 4-131　绘制门窗

（5）利用与立面图相同的方法绘制砖柱和栏杆，如图 4-132 所示。

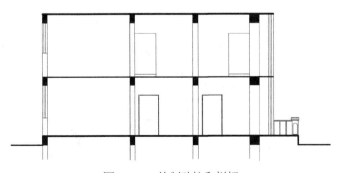

图 4-132　绘制砖柱和栏杆

4. 绘制楼梯

（1）一楼层高 2900，共设有 19 级台阶，踏步宽度 260。单击"绘图"工具栏中的"直线"按钮 ✏️，根据楼梯平台宽度、梯段长度绘制梯段定位辅助线，然后在一楼高度方向上等分为 19 份，绘制出踏步定位网格，单击"绘图"工具栏中的"直线"按钮 ✏️ 和"多短线"按钮 ⤵️，绘制出平台板及梯段，如图 4-133 所示。

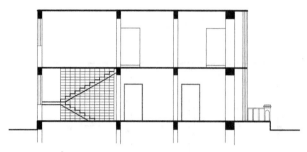

图 4-133　绘制踏步定位网格

（2）单击"绘图"工具栏中的"图案填充"按钮 ▨，将梯段填充为"SOLID"图案，用上述同样的方法绘制门口楼梯，如图 4-134 所示。

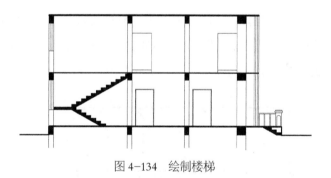

图 4-134　绘制楼梯

（3）从踏步中心量至扶手顶面，栏杆高度为 1050；单击"绘图"工具栏中的"直线"按钮 ✏️，绘制高度 1050 的短线以确定栏杆的高度，然后单击"绘图"工具栏中的"构造线"按钮 ✐，绘制出栏杆扶手的上轮廓，如图 4-135 所示。

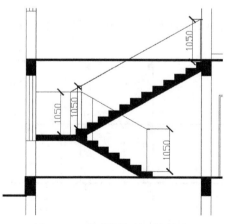

图 4-135　绘制栏杆扶手上轮廓

（4）单击"修改"工具栏中的"偏移"按钮 ⚏ ，绘制出栏杆下轮廓，单击"绘图"工具栏中的"直线"按钮 ／ ，绘制栏杆立杆和扶手转角轮廓，单击修改工具栏中的"修剪"按钮 ⊹ ，修剪多余的线段，完成栏杆的绘制，如图 4-136 所示。

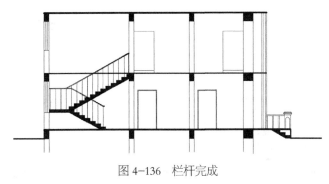

图 4-136 栏杆完成

5. 添加文字说明和标注

（1）单击"绘图"工具栏中的"直线"按钮 ／ 和"多行文字"按钮 A ，进行标高标注，结果如图 4-137 所示。

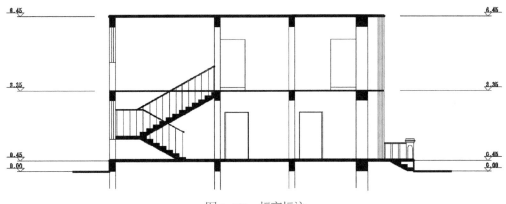

图 4-137 标高标注

（2）单击"标注"工具栏中的"线性"按钮 ⊢⊣ 和"连续"按钮 ⊩⊩ ，标注门窗尺寸、层高尺寸和总体长度尺寸，结果如图 4-138 所示。

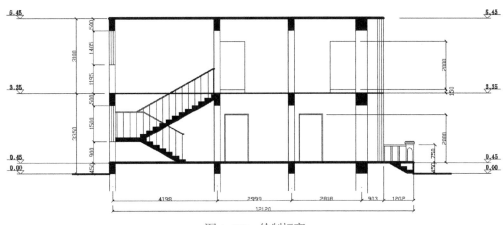

图 4-138 绘制标高

（3）单击"绘图"工具栏中的"圆"按钮、"多行文字"按钮 **A** 和"修改"工具栏中的"复制"按钮 ，标注轴线号和文字说明，完成Ⅰ–Ⅰ剖面图的绘制，如图4-139所示。

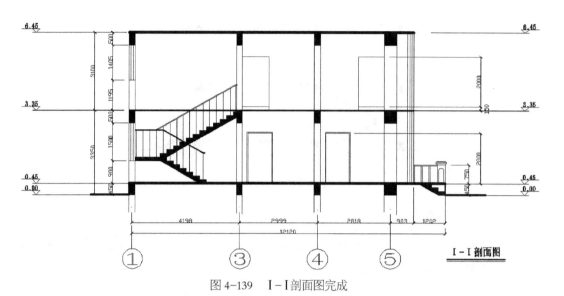

图4-139 Ⅰ–Ⅰ剖面图完成

第 5 章
实战演练——绘制整套建筑图纸

5.1　工程案例概况

一般来说，工程概况主要介绍施工工程所在的地理位置、建设的各项条件、工程性质、名称、用途等。

在本章中涉及的工程位于我国华南地区某城市，为花园住宅小区的一号商住楼，南北朝向，环境优雅。该住宅楼地上部分共 20 层，均为住宅，分为 A、B 两个对称单元。

该住宅楼设计所使用的年限为六十年，工程等级为二级，二类建筑，屋面防水等级为 II 级，耐火等级为二级，抗震的防烈强度为 7 度，结构形式为钢筋混凝土剪力墙结构。

5.2　绘制施工图封面和目录

5.2.1　绘制施工图封面

在图纸封面方面，每个设计单位的风格都不一样。但不论其采用什么样的设计风格，它的必要内容是不能缺少的。根据建设部颁发的《建筑工程设计文件编制深度规定》（2003 年版）（以下都简称《规定》）要求，施工图的封面应该包括项目名称、编制单位名称、其项目的设计编号、设计阶段，编制单位法定代表人、技术及项目的总负责人姓名及其签字或盖章时间，以及编制时间。图 5-1 所示内容仅供参考。

图 5-1　施工图纸封面

5.2.2　绘制施工图目录

目录用来说明图纸的编排顺序和所在位置。

目录的内容应该包括序号、图名、图号、页数、备注等项目。如果目录单独成页，还应该包括工程名称、制表、审核、校正人员签名、图纸编号、日期等内容，如图 5-2 所示。

图 5-2　施工图目录

5.3　绘制住宅楼建筑平面图

5.3.1　绘制建筑轴网

1. 绘图前准备设置

（1）在命令行中输入"LIMITS"命令设置图层界限，设置图幅尺寸为 5000000 ×

5000000。设置较大的数值可以使图幅足够用，方法如下：

命令：LIMITS

重新设置模型空间界限：

指定左下角点或 [开（ON）/ 关（OFF）] <0.0000,0.0000>: 0,0

指定右上角点 <420.0000,297.0000>: 5000000,5000000

（2）AutoCAD 2017 初始界面菜单栏处于隐藏状态，为了方便作图，单击标题栏中靠近"工作空间"选项旁边的下拉三角 ，在下拉菜单中选择"显示菜单栏"调出菜单栏。并且选择菜单栏中的"工具"菜单中的"工具栏"，在右侧扩展菜单中打开"修改""图层""特性""绘图"等常用浮动工具栏，并将其粘贴到绘图区两侧或上部以便绘图时使用。

（3）单击"图层"工具栏中的"图层特性管理器"按钮 ，弹出"图层管理器"对话框，单击"新建"按钮 ，创建常用图层"墙体""门""窗""楼梯""家具""轴线""标注""看线""文字"等，然后修改各个图层的颜色线型和线宽，如图 5-3 所示。

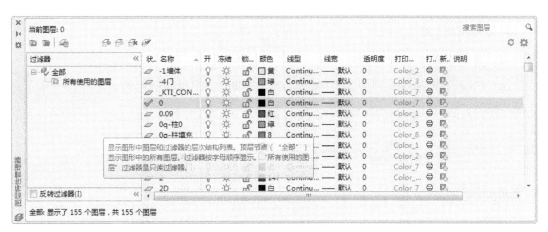

图 5-3　图层管理器

2.开始绘制轴线网

（1）单击"图层特性管理器"右侧下拉按钮 ，选中轴线图层，可将"轴线"图层设置为当前图层。

（2）单击"绘图"工具栏中的"构造线"按钮 ，绘制一条水平构造线 X 和一条竖直构造线 1，注意要按键盘上"F8"开启正交捕捉，如图 5-4 所示。

（3）单击"修改"工具栏中"偏移"按钮 ，将水平构造线和竖直构造线分别向上和向左偏移，竖直方向上相邻构造线偏移距离从左向右分别为 3600、1800、2400、2300、2600、2300、1200、1800、3300、1500。水平方向上相邻构造线偏移距离从下向上分别为 1400、400、3800、400、2300、900、2600、700、700。为了方便说明，我们将竖直轴从左向右记为 1~11 轴，水平轴为 1/A、A、B、C、D 等轴，最终如图 5-5 所示。

153

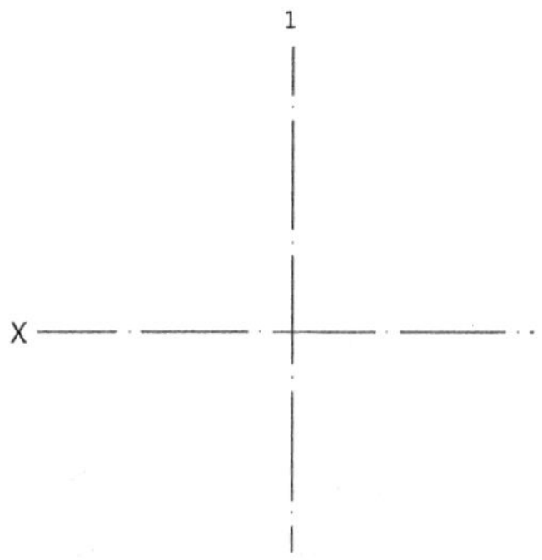

図 5-4 绘制轴线   図 5-5 绘制轴线网

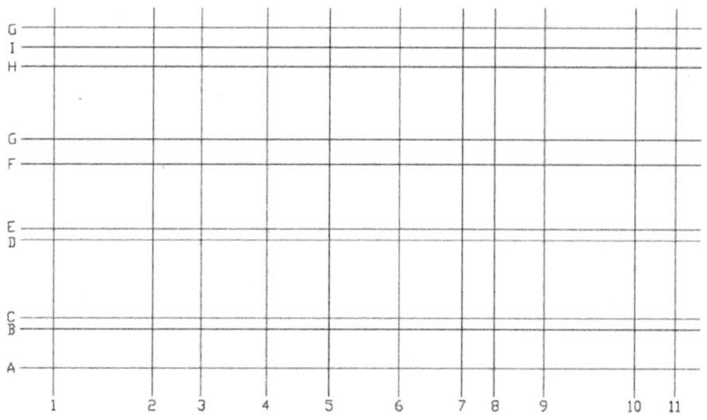

5.3.2 绘制剪力墙

（1）设置图层墙体为当前图层，单击菜单栏"绘图"|"多线"，在命令行输入如下命令。

命令：MLINE

当前设置：对正 = 上，比例 = 20.00，样式 = STANDARD

指定起点或 [对正（J）/ 比例（S）/ 样式（ST）]: j

输入对正类型 [上（T）/ 无（Z）/ 下（B）] < 上 >: z

当前设置：对正 = 无，比例 = 20.00，样式 = STANDARD

指定起点或 [对正（J）/ 比例（S）/ 样式（ST）]: s

输入多线比例 <20.00>: 240

按"F3 开启对象捕捉可以捕捉轴线交点，沿轴线画出平面图墙体，如图 5-6 所示。使用同样的方法可以画出平面图内墙，如图 5-7 所示。

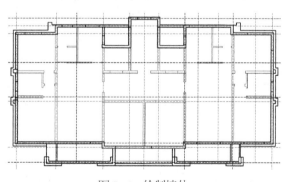

图 5-6 绘制墙体

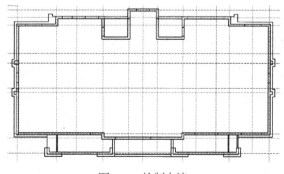

图 5-7 绘制内墙

（2）选中所有墙体，单击"修改"工具栏中按钮 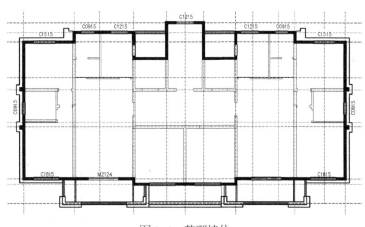，将所选墙线分解。

（3）单击"修改"工具栏中"倒角"按钮 ，可以将墙体拐角处未连接的部分连接上，单击"修改"工具栏中"修剪"按钮 ，可以将内墙多余的线段裁切掉，再将剪力墙填充，整理之后如图 5-8 所示。

图 5-8　整理墙体

5.3.3　绘制门窗

1. 窗户的绘制

（1）单击"修改"工具栏中的"偏移"按钮 ，将 1 号轴向左偏移 750、1500，分别记为 2、3 号轴。单击"修改"工具栏中的"修剪"按钮 ，将偏移后的两个轴之间的 A 号轴墙体裁切掉，如图 5-9 所示，裁切出窗户位置。窗户绘制完成，删除偏移的轴。

（2）设置图层"窗"为当前图层，单击"绘图"工具栏中"直线"按钮 ，在裁切出窗户的位置绘制直线。如图 5-10 所示。

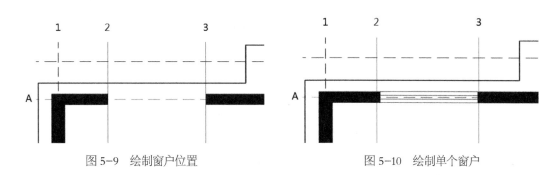

图 5-9　绘制窗户位置　　　　　　图 5-10　绘制单个窗户

（3）同上步骤，绘制出其余窗户，最终效果如图 5-11 所示。

2. 门的绘制

（1）单击"修改"工具栏中的"偏移"按钮 ，将 9 号轴向左偏移 150 记为 9′，再向左偏移 800 记为 9″，单击"修改"工具栏中的"修剪"按钮 ，在偏移后的两个轴之间的 B 轴墙体裁出门洞，如图 5-12 所示。

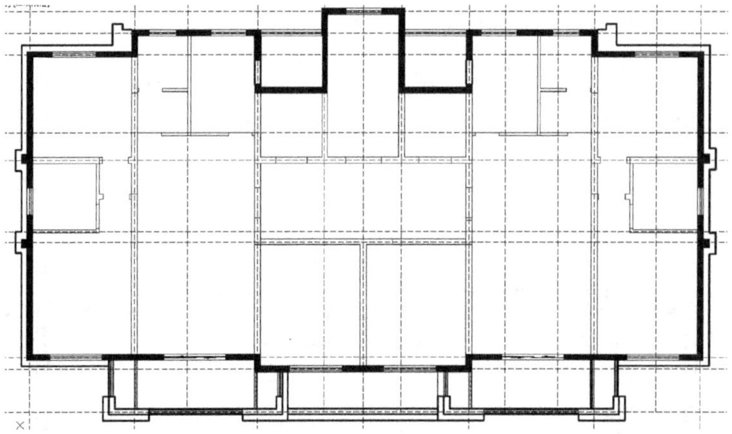

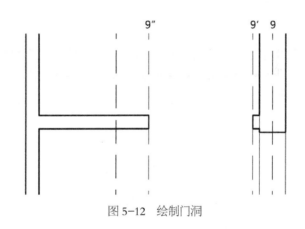

图 5-11　绘制整体窗户

图 5-12　绘制门洞

（2）设置图层"门"为当前图层，单击"绘图"工具栏中的"矩形"按钮 ，在命令行输入如下命令：

命令 :RECTANG

指定第一个角点或 [倒角（C）/ 标高（E）/ 圆角（F）/ 厚度（T）/ 宽度（W）]:

指定另一个角点或 [面积（A）/ 尺寸（D）/ 旋转（R）]: d

指定矩形的长度 <10.0000>: 40

指定矩形的宽度 <10.0000>: 900

创建 40×800 的矩形表示门。单击"修改"工具栏中"移动"按钮 ，开启捕捉将所创建图形端点移动至预留门洞的中点位置，如图 5-13 所示。

单击"绘图"工具栏中的"圆"按钮 ，在命令行输入如下命令：

命令命令 : CIRCLE

指定圆的圆心或 [三点（3P）/ 两点（2P）/ 切点、切点、半径（T）]:

指定圆的半径或 [直径（D）]: 800

（3）创建半径为 800 的矩形。单击"修改"工具栏中的"移动"按钮 ，开启捕捉将所创建图形圆心捕捉到门与墙交界处，单击"修改"工具栏中的"修剪"按钮 ，将多余部分裁切掉，如图 5-14 所示。

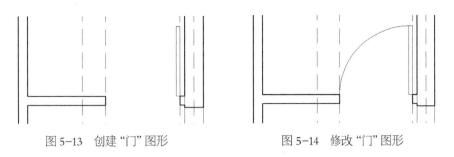

<table>
<tr><td>图 5-13　创建 "门" 图形</td><td>图 5-14　修改 "门" 图形</td></tr>
</table>

（4）同上步骤，利用 "修改" 工具栏中的 "偏移" 按钮 ，裁出预留门洞，如图 5-15 所示。

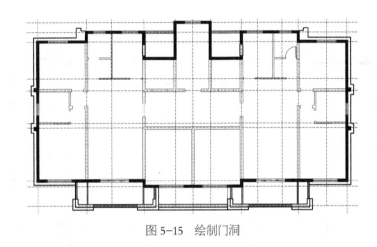

图 5-15　绘制门洞

（5）同样方法将其余位置预留门洞裁出，并绘制出门的开启方向线，如图 5-16 所示。

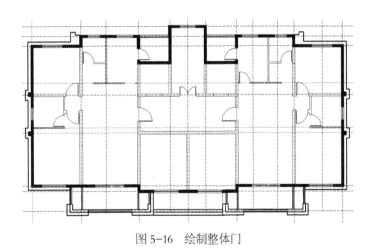

图 5-16　绘制整体门

3. 柱子的绘制

（1）设置图层 "墙体" 为当前图层，单击 "绘图" 工具栏中 "矩形" 按钮 ▢，在命令行输入如下命令。

命令：RECTANG

指定第一个角点或 [倒角（C）/ 标高（E）/ 圆角（F）/ 厚度（T）/ 宽度（W）]:

指定另一个角点或 [面积（A）/ 尺寸（D）/ 旋转（R）]: d

指定矩形的长度 <40.0000>: 240

指定矩形的宽度 <900.0000>: 240

创建 240×240 的矩形，将矩形捕捉至 3 号轴和 B 轴交界处。

（2）单击"绘图"工具栏"填充"按钮 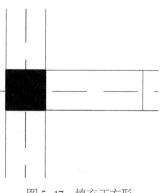，填充图案选择"SOLID"，如图 5-17 所示。

（3）单击"修改"工具栏中"复制"命令 ，对填充后的矩形进行复制，最终效果如图 5-18 所示。

图 5-17 填充正方形

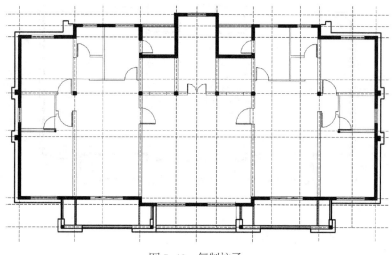

图 5-18 复制柱子

5.3.4 绘制楼梯和电梯

1. 楼梯的绘制

（1）设置图层"楼梯"为当前图层，单击"绘图"工具栏中"直线"按钮 ，在 F、J 轴和 4、6 号轴之间空白区间，沿墙边画一条竖直线，线长 1100，单击"修改"工具栏中的"偏移"按钮 ，将所画线条向下偏移，依次偏移距离为 260、260、260、260、260、260、260、260，如图 5-19 所示。

（2）单击"修改"工具栏中的"偏移"按钮 ，将墙线向上偏移 950，再次偏移 50 做出楼梯侧面挡板，将两条"偏移"线图层修改为"楼梯"图层，如图 5-20 所示。

（3）单击"绘图"工具栏中"直线"按钮 ，画出楼梯省略线，单击"修改"工具栏中的"延伸"按钮 ，处理省略线与楼梯挡板处的衔接；单击"修改"工具栏中的"修剪"按钮 ，裁去多余部分，单击"绘图"工具栏中"直线"按钮 ，给省略线添加符号，如图 5-21 所示。

2. 电梯的绘制

（1）设置图层"电梯"为当前图层，单击"绘图"工具栏中的"矩形"按钮 ，将电梯间区域的左上角作为绘制起点，绘制出一个长为 1550、宽为 1600 的矩形。

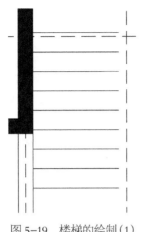

图 5-19　楼梯的绘制（1）

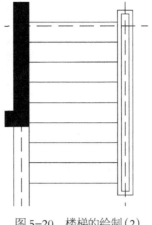

图 5-20　楼梯的绘制（2）

（2）单击"绘图"工具栏中的"直线"按钮 ，绘制该矩形的对角线，完成电梯轿厢的绘制。

（3）单击"绘图"工具栏中的"矩形"按钮 ，最终完成电梯的绘制，如图 5-22 所示。

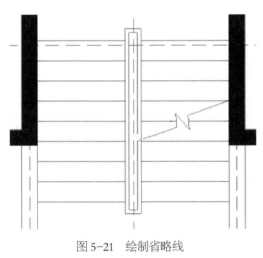

图 5-21　绘制省略线

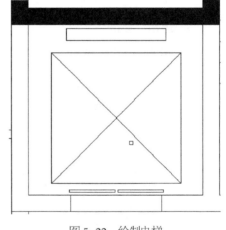

图 5-22　绘制电梯

5.3.5　绘制建筑设备

1. 集水坑的绘制

设置图层"设备"为当前图层，单击"绘图"工具栏中的"矩形"按钮 ，绘制一个尺寸为 500×250 的矩形；单击"绘图"工具栏中的"直线"按钮 ，完成集水坑的绘制，如图 5-23 所示。

2. 烟道的绘制

设置图层"设备"为当前图层，单击"绘图"工具栏中的"矩形"按钮 ，绘制一个尺寸为 550×400 的矩形；单击"绘图"工具栏中的"直线"按钮 ，完成烟道的绘制，如图 5-24 所示。

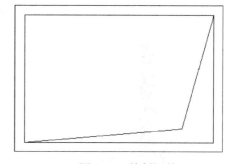

图 5-23　绘制集水坑　　　　　　　　　　　图 5-24　绘制烟道

5.3.6　绘制尺寸标注及说明

1. 添加尺寸标注

（1）单击"图层"工具栏中的"图层特性管理器"按钮 ▤，将"标注"图层设为当前图层。

（2）选择"标注"中的"标注样式"命令，弹出"标注样式管理器"对话框，新建"地下层平面图"标注样式；单击"直线"选项卡，设置"超出尺寸线"为"200"；单击"符号和箭头"选项卡，设置"箭头样式"为"建筑标记"、"箭头大小"为"200"；单击"文字"选项卡，设置"文字高度"为"300"、"从尺寸线偏移"为"100"。

（3）单击"标注"工具栏中的"线性"按钮 ╟╢ 和"连续"按钮 ╟╫╢，标注各个空间的尺寸，如图 5-25 所示。

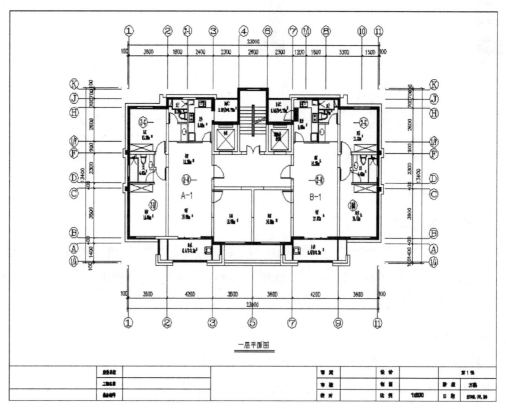

图 5-25　完成尺寸标注

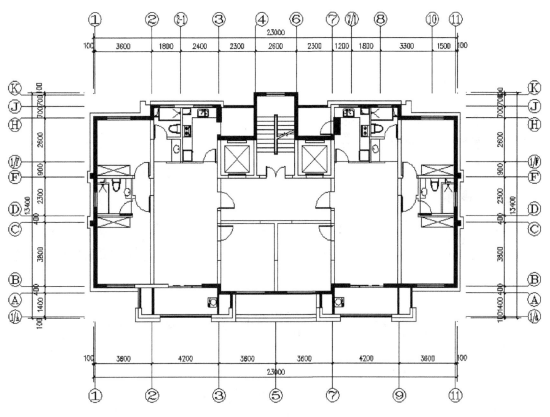

2. 添加文字说明并插入图框

单击"绘图"工具栏中的"多行文字"按钮 $\boxed{A}$ ，添加文字说明，主要包括房间及设施的功能等。最后插入图框，将图框调整至适当位置，完成一层平面图的绘制，如图5-26 所示。

图 5-26　完成一层平面图

5.4　绘制屋顶平面图

5.4.1　绘制屋顶设备

绘制屋顶设备步骤如下。

（1）单击"绘图"工具栏中的"直线"按钮 ，沿楼梯、电梯以及电梯机房的外墙边沿绘制一圈，删除原有的电梯、楼梯、电梯机房等线条。

（2）偏移直线。单击"修改"工具栏中的"偏移"按钮 ，将绘制的一圈直线向内偏移。

（3）单击"绘图"工具栏中的"圆"按钮 ，绘制滴水板，如图 5-27 所示。

（4）单击"绘图"工具栏中的"直线"按钮 ，绘制出天沟；然后根据规范，划分出排水分区；接着标注排水坡度，如图 5-28 所示。

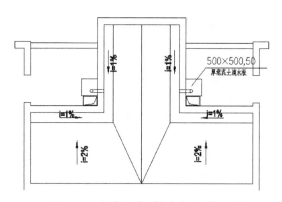

图 5-27　绘制滴水板　　　　　图 5-28　绘制天沟、排水分区、排水坡度

5.4.2　绘制屋架格栅

绘制屋架格栅步骤如下。

（1）单击"绘图"工具中的"直线"按钮 ，距离屋面中间的分水线上下绘制两条直线，直线两端左右在女儿墙外墙处。

（2）单击"修改"工具栏中的"偏移"按钮 ，将两条直线分别向外偏移。

（3）单击"修改"工具栏中的"偏移"按钮 ，从左向右绘制格栅，如图5-29所示。

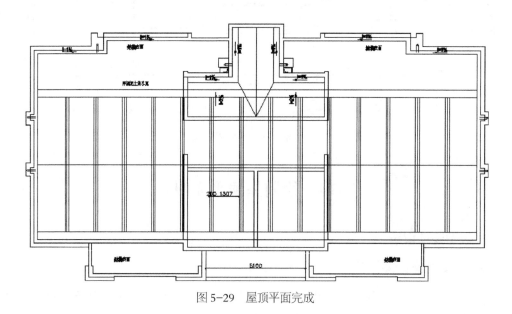

图 5-29　屋顶平面完成

5.5　绘制住宅楼建筑立面图

5.5.1　绘制住宅楼建筑南立面

1.绘图前准备设置

（1）在命令行中输入"LIMITS"命令设置图层界限，设置图幅尺寸为5000000×5000000。

（2）单击"图层"工具栏中的"图层特性管理器"按钮 ，弹出"图层管理器"对话框，单击"新建"按钮 ，创建"立面"图层，图层参数采用默认设置。

2. 绘制南立面图

（1）单击"绘图"工具栏中"直线"按钮 ，在一层平面图下方绘制一条地平线，地平线上方留出足够的绘图空间。

（2）单击"绘图"工具栏中"直线"按钮 ，由一层平面图向下引出定位辅助线，包括墙体外轮廓、墙体转折处以及柱轮廓线等，如图 5-30 所示。

（3）单击"修改"工具栏中的"偏移"按钮 ，根据室内外高差、一层层高、屋面标高、门窗及台阶高度等确定水平定位辅助线，如图 5-31 所示。

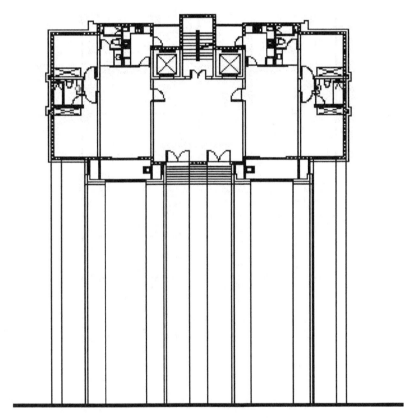

图 5-30　绘制一层竖向辅助线

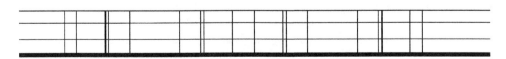

图 5-31　绘制一层水平定位辅助线

（4）运用"绘图"工具栏中的"直线"按钮 和"修改"工具栏中的"偏移"按钮 以及"修剪"按钮 ，对照平面图，完成一层南立面图，如图 5-32 所示。

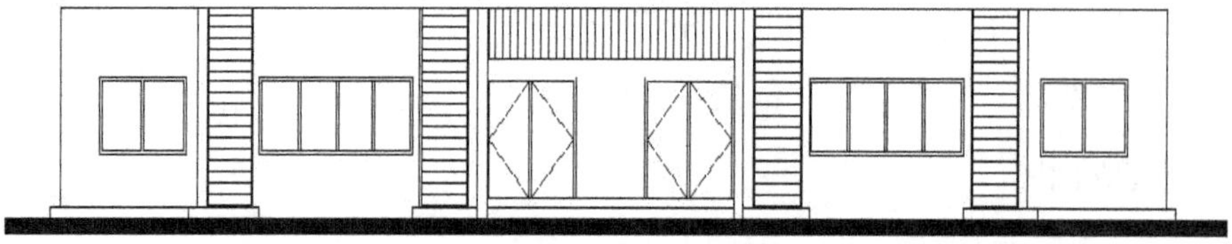

图 5-32　一层南立面图

（5）用同样的方法绘制其余楼层的南立面图。由于一般高层住宅楼层之间结构一致，所以在绘制立面图时，我们可以先绘制其中一层的立面然后使用"复制"或"阵列"命令，更加快速地得到整栋建筑的立面图，从而提高工作效率。如图 5-33 所示。

图 5-33　住宅建筑南立面图

3. 添加文字说明和标注

单击"绘图"工具栏中的"直线"按钮 ╱ 和"多行文字"按钮 **A**，进行标高标注并添加文字说明，完成南立面图的绘制，如图 5-34 所示。

图 5-34　住宅建筑南立面文字说明及标注

5.5.2　绘制住宅楼建筑北立面

1. 绘制北立面图

（1）单击"图层"工具栏中的"图层特性管理器"按钮 ，将"立面图"设为当前图层。

（2）单击"绘图"工具栏中的"直线"按钮 ，由一层平面图的北立面引出定位竖向辅助线，包括墙体外轮廓、墙体转折处以及柱轮廓等。然后根据之前画出的一层南立面图来定位水平辅助线以确定门、窗等构件与层高的位置，如图 5-35 所示。

（3）对照平面图，单击 "修改"工具栏中的"修剪"按钮 ，修剪定位辅助线，完成一层北立面图的绘制，如图 5-36 所示。

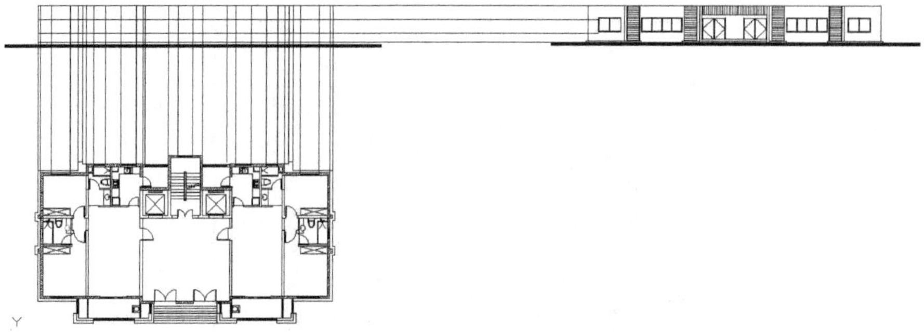

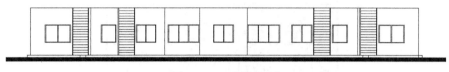

图 5-35　绘制一层北立面定位辅助线

图 5-36　一层北立面

（4）因为一层北立面除去标高结构与其余楼层的北立面基本一样，所以我们可以在一层北立面的基础上运用"复制"或"阵列"命令绘制整栋建筑的北立面，但要注意修改各层的高度，如图 5-37 所示。

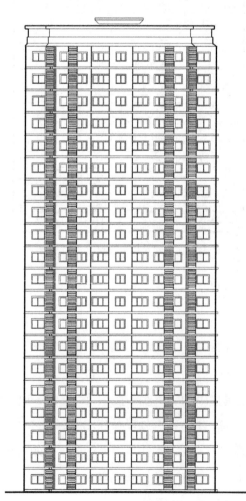

图 5-37　住宅建筑北立面

2. 添加文字说明和标注

单击"绘图"工具栏中的"直线"按钮 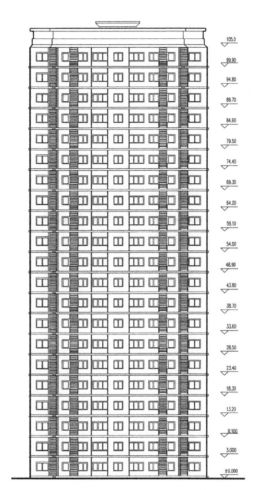 和"多行文字"按钮 **A**，进行标高标注并添加文字说明，完成北立面图的绘制，如图 5-38 所示。

图 5-38　住宅建筑北立面文字说明及标注

5.5.3　绘制住宅楼建筑西立面

1. 绘制建筑西立面

（1）单击"图层"工具栏中的"图层特性管理器"按钮 ，将"立面"图层设为当前图层。

（2）单击"绘图"工具栏中的"直线"按钮 ，绘制两条直线，直线 1 与南立面图在同一水平线上，作为西立面图的地平线，直线 2 与平面图在最下边处于同一水平线上，然后绘制一条竖直直线 3 作为西立面图的最右边线，再由直线 2 和直线 3 的交点左斜 45°绘制一条直线，由平面图向左引投影线交于斜线，再由相应的交点向下引至地平线，最后由南立面图向左引出立面竖向高度控制线确定西立面图的一层定位直线，如图 5-39 所示。

（3）同样对照平面图，单击"修改"工具栏中的"修剪"按钮 ，修剪定位辅助线，完善一层门、窗、台阶等构件的定位，完成西立面图一层的绘制。如图 5-40 所示。

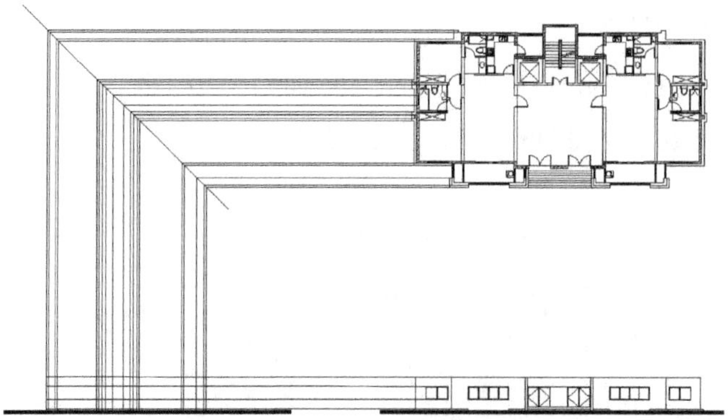

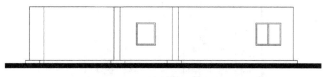

图 5-39　绘制一层定位辅助线

图 5-40　绘制西立面一层

（4）与绘制南、北立面的方法一样，以西立面一层为基础，通过"复制"便会得到整栋建筑的西立面图。如图 5-41。

2. 添加文字说明和标注

单击"绘图"工具栏中的"直线"按钮 ╱ 和"多行文字"按钮 **A**，进行标高标注并添加文字说明，完成西立面图的绘制，如图 5-42 所示。

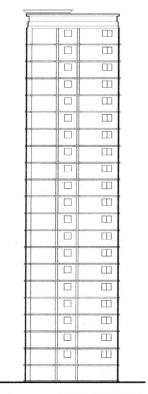

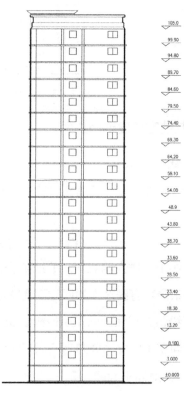

图 5-41　修剪并整理辅助线　　　　图 5-42　完成西立面图

5.5.4　绘制住宅楼建筑东立面

1. 绘制建筑东立面

（1）单击"图层"工具栏中的"图层特性管理器"按钮 ，将"立面"图层设为当前图层。

（2）单击"绘图"工具栏中的"直线"按钮 ，绘制两条直线，直线1与南立面图在同一水平线上，作为东立面图的地平线，直线2与平面图在最下边在同一水平线上，然后绘制一条竖直直线3作为东立面图的最右边线，再由直线2和直线3的交点左斜45°绘制一条直线，由平面图向左引投影线交于斜线，再由相应的交点向下引至地平线，最后由南立面图向左引出立面竖向高度控制线确定东立面图的一层定位直线，如图 5-43 所示。

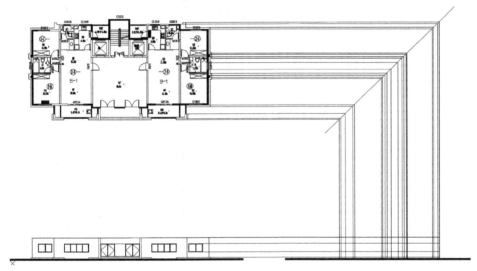

图 5-43　绘制一层定位辅助线

（3）同样对照平面图，单击"修改"工具栏中的"修剪"按钮 ，修剪定位辅助线，完善一层门、窗、台阶等构件的定位，完成一层东立面图的绘制。如图 5-44 所示。

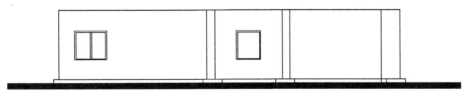

图 5-44　绘制一层东立面

（4）与绘制南、北立面的方法一样，以西立面一层为基础，通过"复制"便会得到整栋建筑的东立面图，如图 5-45。

2. 添加文字说明和标注

单击"绘图"工具栏中的"直线"按钮 和"多行文字"按钮 **A**，进行标高标注并添加文字说明，完成东立面图的绘制，如图 5-46 所示。

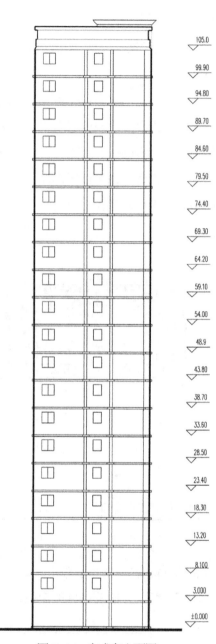

图 5-45　修剪并整理辅助线　　　　　图 5-46　完成东立面图

第6章
知识扩充——酒店建筑施工图案例

6.1 绘制酒店总平面图

6.1.1 什么是总平面图

建筑总平面图是模拟建筑物所在地区一定范围内的水平投影图。建筑总平面图主要表明新建房屋的位置、朝向、与原有建筑物的关系、建筑区域道路布置、绿化、地形、地貌标高以及与原有环境的关系等。

在建筑绘制图中，有一些固定的图形代表固定的含义，如图6-1所示。

符　号	说　明	符　号	说　明
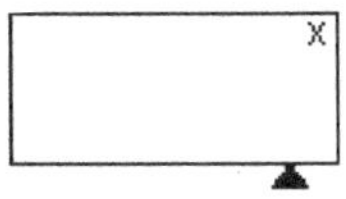	新建建筑物，用粗线绘制 ▲ 表示出入口位置 Ⅹ 表示楼层层数 轮廓线以±0.00处外墙定位轴线或外墙皮线为准，地上建筑用中实线表示，地下建筑用虚线表示	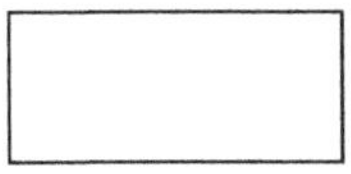	原有建筑用细线绘制
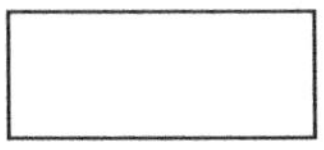	拟扩建的预留地或建筑物，中虚线表示		新建地下建筑物或构筑物，用相虚线表示
	拆除的建筑物，用细线表示	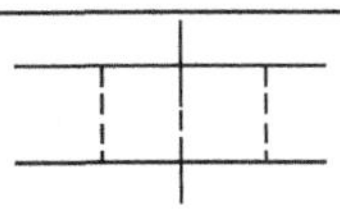	建筑物下面的通道
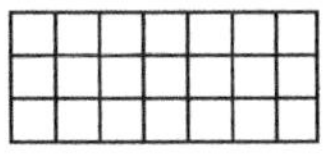	广场铺地	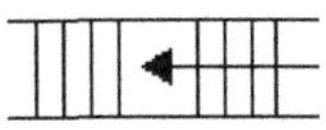	台阶

图6-1 绘制符号

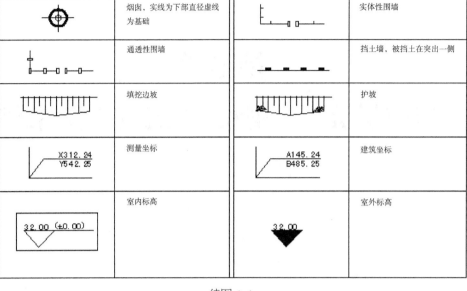

	烟囱，实线为下部直径虚线为基础		实体性围墙
	通透性围墙		挡土墙，被挡土在突出一侧
	填挖边坡		护坡
X312.24 Y542.25	测量坐标	A145.24 B485.25	建筑坐标
32.00 (±0.00)	室内标高	32.00	室外标高

续图 6-1

由于总平面图表达的范围较大，所以国家标准《建筑制图标准》规定：总平面图应采用 1:500、1:1000、1:2000 的比例绘制。总平面图及标高应以米（m）为单位，其他尺寸必须以毫米（mm）为单位。

6.1.2 建筑布局

1. 设置绘图环境

（1）在命令行中输入"LIMITS"命令，设置图幅尺寸为 5000000×5000000。

（2）单击"图层"工具栏中的"图层特性管理器"按钮 ，创建"标注""轴线"等图层，如图 6-2 所示。

图 6-2　设置图层

2. 绘制轴线网

（1）单击"图层"工具栏中的"图层特性管理器"按钮 ，将"轴线"图层设为当前图层。

（2）单击"构造线"按钮 ，绘制一条水平构造线和一条竖直构造线，组成"十"

字构造线，如图 6-3 所示。

（3）单击"修改"工具栏中的"偏移"按钮 ，将水平构造线 X 连续向上偏移，偏移后相邻直线距离分别为 3600、4500、3600、3000、2400、3000 和 3300，得到水平方向的辅助线记为 Y、Z、W、H、L、M、N；将竖直构造线 1 连续向右偏移，偏移后相邻直线间的距离分别为 4700、3850、1050、2250、900、6300 和 600，得到竖直方向的辅助线记为 2、3、4、5、6、7、8，如图 6-4 所示。

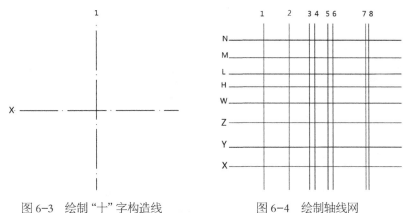

图 6-3　绘制"十"字构造线　　　图 6-4　绘制轴线网

（4）在①号轴上绘制一条角度为 135° 的构造线 a，如图 6-5 所示。方法如下：

命令：_xline 指定点或 [水平（H）/ 垂直（V）/ 角度（A）/ 二等分（B）/ 偏移（O）]:

指定通过点：<135>

指定通过点：

将这个构造线向右偏移，偏移距离分别为 6400、7725、848、6041 和 6647，记为 b、c、d、e、f，如图 6-6 所示。

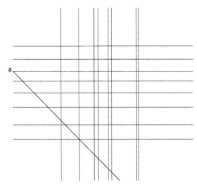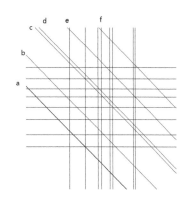

图 6-5　绘制 135° 的构造线　　　图 6-6　绘制 135° 构造线完成

（5）在①号轴上绘制一条角度为 45° 的构造线 F1，如图 6-7 所示。将此构造线向下连续偏移 6647 和 6041 记为 F2、F3，如图 6-8 所示。

3. 绘制墙体

（1）单击"图层"工具栏中的"图层特性管理器"按钮 ，将"墙体"图层设为当前图层。

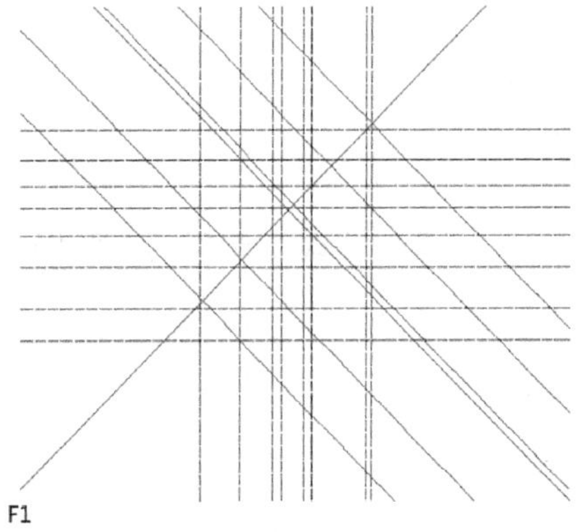

图 6-7　绘制 45° 构造线 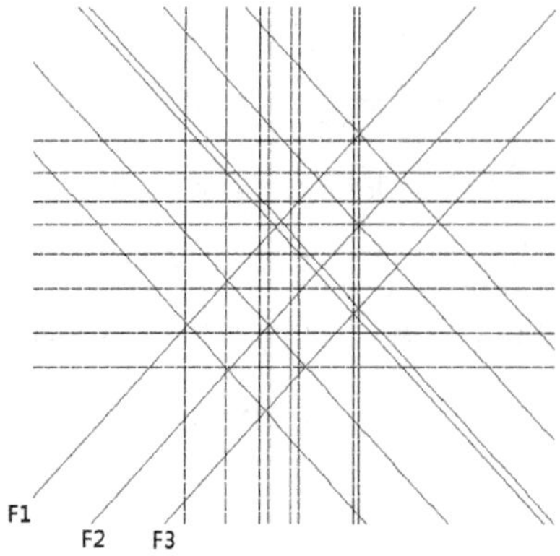　　　　　　　图 6-8　绘制 45° 构造线完成

（2）选择菜单栏中的"格式"到"多线样式"命令，按"F3"开启对象捕捉可以捕捉轴线交点，沿轴线画出平面图墙体，如图 6-9 所示。

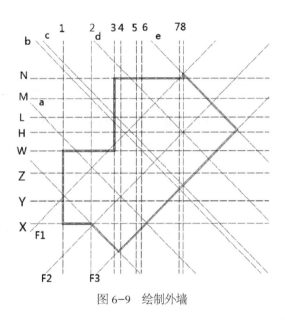

图 6-9　绘制外墙

6.1.3　绘制道路与停车场

1.绘制道路

（1）单击"图层"工具栏中的"图层特性管理器"按钮 ⬛，将"道路"设置为当前图层。

（2）单击"修改"工具栏中的"偏移"按钮 ⬛，将所有外围的轴线向外偏移 15000，然后将偏移后的轴线分别向两侧偏移 2000，如图 6-10 所示。

2.绘制停车场

（1）单击"绘图"工具栏中的"矩形"按钮 ⬜，绘制长度为 2500、宽度为 5000 的矩形作为停车位的轮廓线。

（2）单击"绘图"工具栏中的"直线"按钮 ⬛，在上一步绘制的矩形框内绘制一条斜线，完成一个停车位的绘制，如图 6-11 所示。

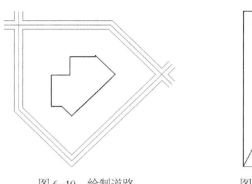

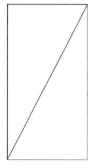

图 6-10　绘制道路

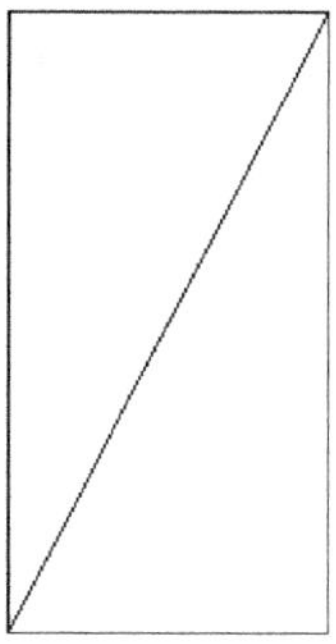

图 6-11　停车位

（3）单击"修改"工具栏中的"移动"按钮 ，将绘制好的停车位图形移动到图形中，单击"修改"工具栏中的"复制"按钮 ，复制生成其他车位，完成停车场的布置，如图 6-12 所示。

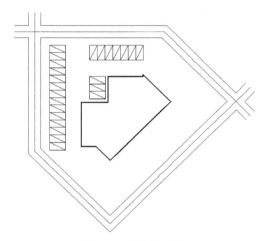

图 6-12　绘制停车场

6.1.4　绘制建筑周围环境

打开随书赠送的光碟，打开"常用模块（植物世界）.dwg"，选择合适的植物，复制到上面的道路图中。选择"复制"工具 ，把"树"复制到合适的位置，如图 6-13 所示。

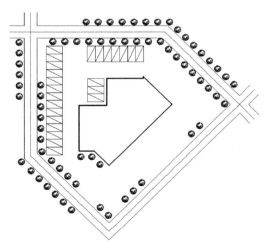

图 6-13　绘制"树"

6.2 绘制酒店楼平面图

6.2.1 绘制酒店一层平面图

1. 设置绘图环境

（1）在命令行中输入"LIMITS"命令，设置图幅尺寸为 5000000×5000000。

（2）单击"图层"工具栏中的"图层特性管理器"按钮 ，创建"标注""轴线"等图层，如图 6-14 所示。

图 6-14 设置图层

2. 绘制轴线网

（1）单击"图层"工具栏中的"图层特性管理器"按钮 ，将"轴线"图层设为当前图层。

（2）单击"构造线"按钮 ，绘制一条水平构造线和一条竖直构造线，组成"十"字构造线，如图 6-15 所示。

（3）单击"修改"工具栏中的"偏移"按钮 ，将水平构造线连续向上偏移，偏移后相邻直线的距离分别为 3600、4500、3600、3000、2400、3000 和 3300，得到水平方向的辅助线记为 Y、Z、W、H、L、M、N；将竖直构造线连续向右偏移，偏移后相邻直线间的距离分别为 4700、3850、1050、2250、900、6300 和 600，得到竖直方向的辅助线记为 2、3、4、5、6、7、8，如图 6-16 所示。

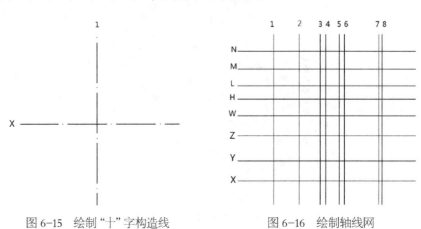

图 6-15 绘制"十"字构造线   图 6-16 绘制轴线网

（4）在①号轴上绘制一条角度为 135° 的构造线 a，如图 6-17 所示。方法如下：

命令：_xline 指定点或 [水平（H）/ 垂直（V）/ 角度（A）/ 二等分（B）/ 偏移（O）]:

指定通过点：<135>

指定通过点：

将这个 a 轴向右偏移，偏移距离分别为 6400、7725、848、6041 和 6647，记为 b、c、d、e、f，如图 6-18 所示。

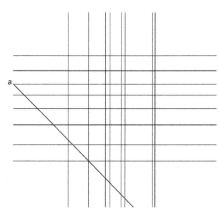

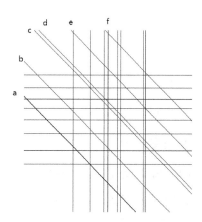

图 6-17　绘制 135° 的构造线　　　　　　图 6-18　绘制 135° 构造线完成

（5）在①号轴上绘制一条角度为 45° 的构造线 F1，如图 6-19 所示。将此构造线向下连续偏移 6647 和 6041 记为 F2、F3，如图 6-20 所示。

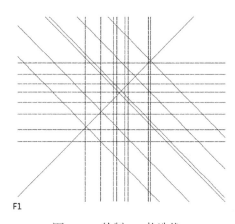

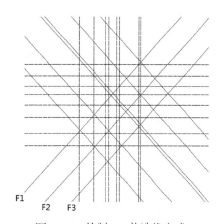

图 6-19　绘制 45° 构造线　　　　　　　图 6-20　绘制 45° 构造线完成

3. 绘制墙体

（1）单击"图层"工具栏中"的图层特性管理器"按钮 ，将"墙体"图层设为当前图层。

（2）选择菜单栏中的"格式"|"多线样式"命令，按"F3"开启对象捕捉可以捕捉轴线交点，沿轴线画出平面图墙体，如图 6-21 所示。

（3）重复"多线"命令，根据构造线网格绘制内墙墙线和柱子，如图 6-22 所示。

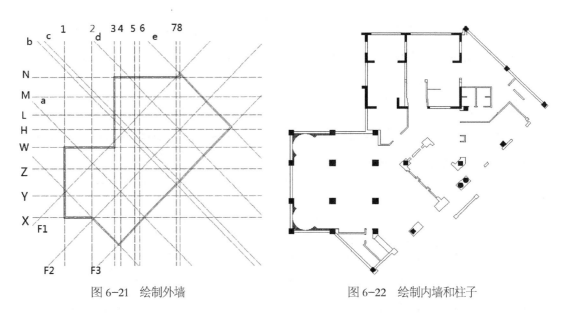

图 6-21　绘制外墙　　　　　图 6-22　绘制内墙和柱子

4.绘制门窗

（1）现在以收银台的门为例，单击"绘图"工具栏中的"直线"按钮 ∕、"圆弧"按钮 ∕ ，以及"修改"工具栏中的"偏移"按钮 ⬡ 和"修剪"按钮 ∤ ，绘制门 M1，如图 6-23 所示。

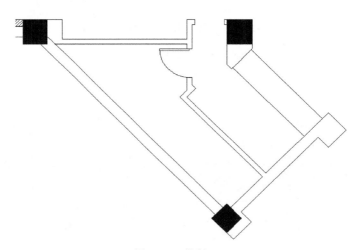

图 6-23　绘制 M1

（2）用同样的方法，绘制其他的门，如图 6-24 所示。

5.绘制楼梯

（1）选择"直线"工具按钮 ∕ ，绘制楼梯踏步，踏步距离为 250，绘制 13 级踏步，并进行修剪，如图 6-25 所示。

（2）选择"直线"工具按钮 ∕ ，绘制折断符号和箭头，如图 6-26 所示。

6.绘制一层楼平面布置

（1）打开"图层"工具栏中的"图层特性管理器"按钮 ⬚ ，将"室内布置"图层设为当前图层。

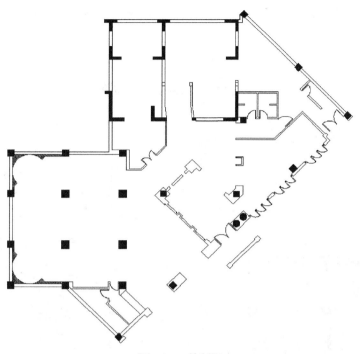

图 6-24　绘制门

图 6-25　绘制楼梯踏步

图 6-26　绘制折断符号

（2）单击"绘图"工具栏中的"插入块"按钮 ![icon]，弹出"插入"对话框，如图 6-27 所示，单击"浏览"按钮，打开随书光盘中的"沙发 01"，将沙发插入到合适的位置，如图 6-28 所示。

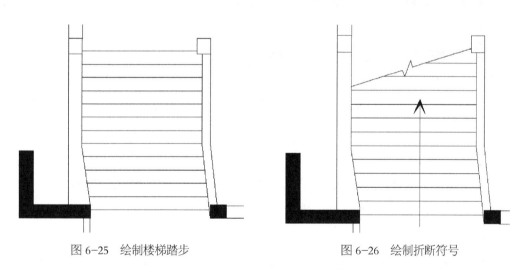

图 6-27　插入框

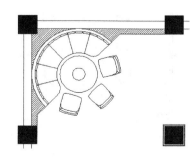

图 6-28　插入沙发

（3）重复"插图块"命令，将其余的布置（包括餐桌和卫生间等）插入合适的位置，如图6-29所示。

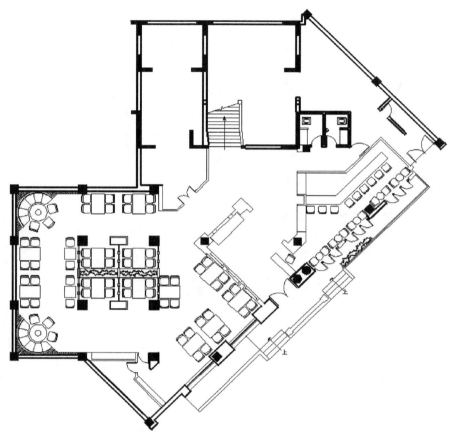

图6-29　插入室内布置

（4）单击"图案填充"按钮 ，选择"ANSI31"填充厨房用地，如图6-30所示。

（5）单击"直线"工具 和"圆"工具 绘制灯，如图6-31所示。

（6）用上述方法绘制其他的灯，如图6-32所示。

（7）选择"直线"工具 绘制门口的台阶和楼梯，台阶宽1455，三节楼梯，距离为300，如图6-33所示。

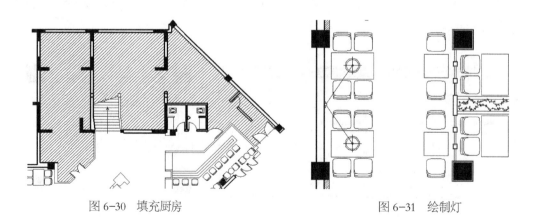

图6-30　填充厨房　　　　　　　　　　　　　图6-31　绘制灯

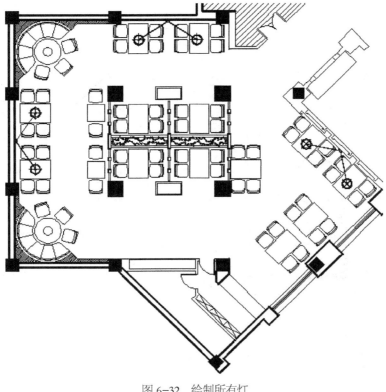

图 6-32　绘制所有灯

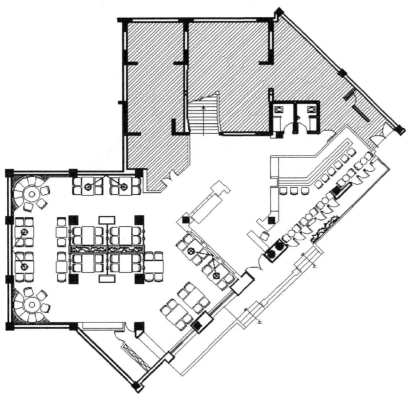

图 6-33　绘制台阶和楼梯

（8）单击"标注"工具 和"连续标注"工具 （按键"C"）进行标注，如

图 6-34 所示。

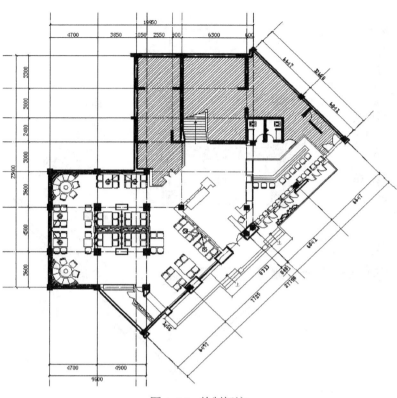

图 6-34　绘制标注

（9）单击"圆"工具 ⊙ 和"多行文字"工具 A 绘制轴线符号，再单击"直线"
工具 / 和"多行文字"工具 A 添加文字说明，如图 6-35 所示。

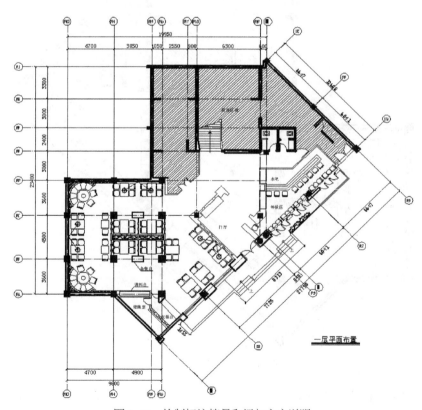

图 6-35　绘制标注符号和添加文字说明

6.2.2　绘制夹层平面图

1. 设置绘图环境

（1）在命令行中输入"LIMITS"命令，设置图幅尺寸为 5000000×5000000。

（2）单击"图层"工具栏中的"图层特性管理器"按钮 ，创建"标注""轴线"等图层，如图 6-36 所示。

图 6-36　设置图层

2. 绘制墙体

（1）复制一层楼轴线网和外墙体，如图 6-37 所示。

（2）单击"多线"命令，根据构造线网格绘制内墙墙线和柱子，如图 6-38 所示。

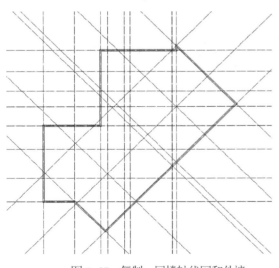

图 6-37　复制一层楼轴线网和外墙

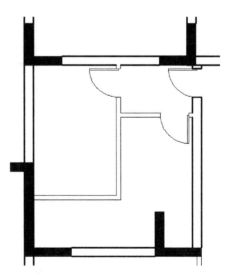

图 6-38　绘制内墙线和柱子

3. 绘制门窗

（1）现在以收银台的门为例，单击"绘图"工具栏中的"直线"按钮、"圆弧"按钮 以及"修改"工具栏中的"偏移"按钮 和"修剪"按钮 ，绘制门 M1，如图 6-39 所示。

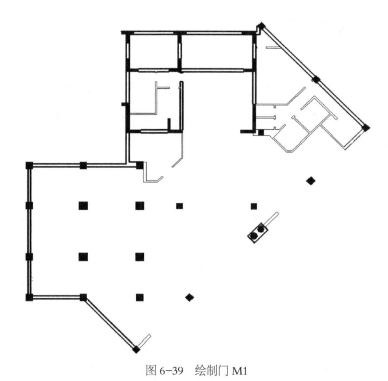

图 6-39　绘制门 M1

（2）用同样的方法，绘制其他的门，如图 6-40 所示。

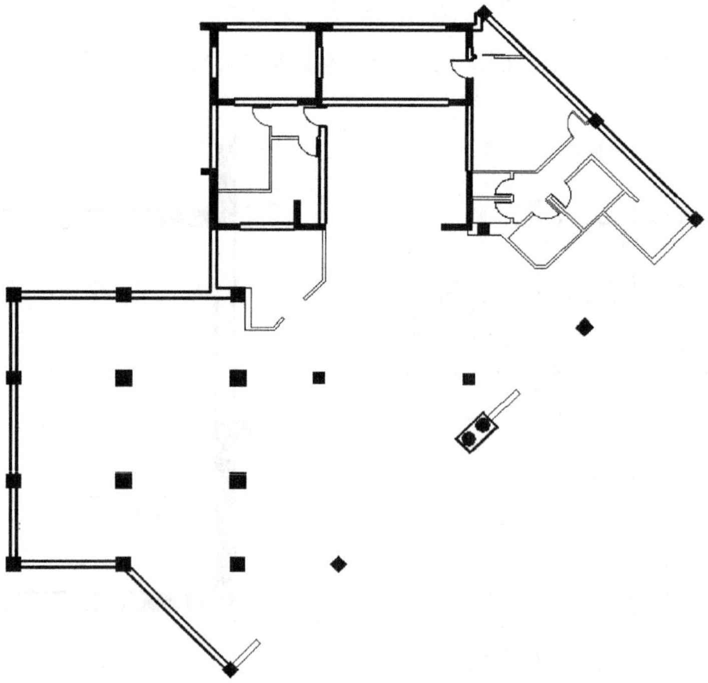

图 6-40　绘制其他的门

（3）选择"直线"工具 ✐ 绘制窗户，如图 6-41 所示。

4. 绘制楼梯

（1）选择"直线"工具按钮 ✐，绘制楼梯踏步，踏步距离为 250，并进行修剪。

（2）选择"直线"工具，绘制箭头，如图 6-42 所示。

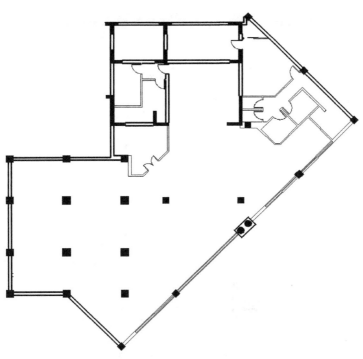

图 6-41　绘制窗户

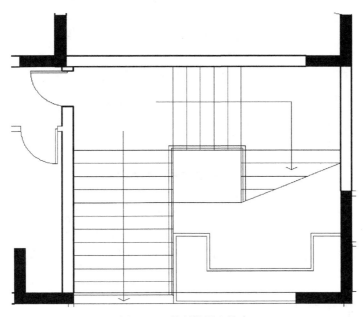

图 6-42　绘制楼梯和箭头

5. 绘制一层楼平面布置

（1）打开"图层"工具栏中的"图层特性管理器"按钮 ，将"室内布置"图层设为当前图层。

（2）单击"绘图"工具栏中的"插入块"按钮 ，弹出"插入"对话框，如图 6-43 所示，单击"浏览"按钮，打开随书光盘中的"会议桌 01"，将会议桌插入到合适的位置，如图 6-44 所示。

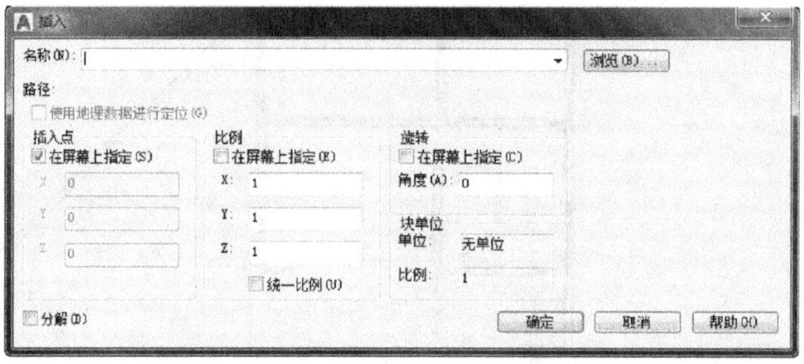

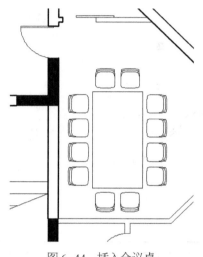

图 6-43　"插入"对话框

图 6-44　插入会议桌

（3）重复"插图块"命令，将其余的布置（包括餐桌和卫生间等）插入合适的位置，如图 6-45 所示。

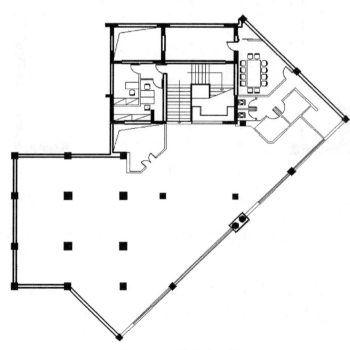

图 6-45　插入室内布置

（4）单击"图案填充"按钮 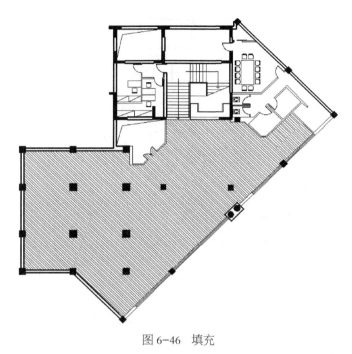，选择"ANSI31"填充空地，如图 6-46 所示。

图 6-46　填充

（5）单击"标注"工具 和"连续标注" 工具（按键"C"）进行标注，如图 6-47 所示。

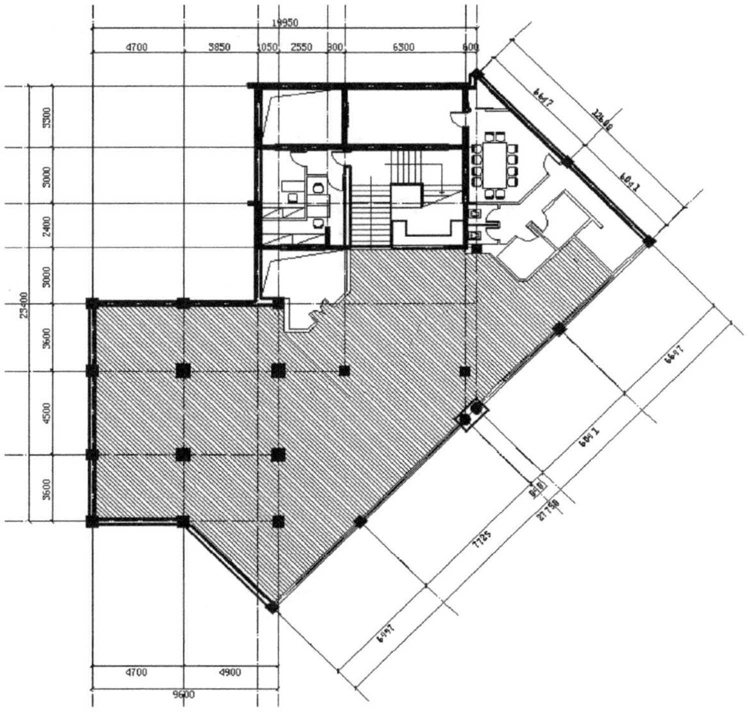

图 6-47　绘制标注

（6）单击"圆"工具 和"多行文字"工具 A 绘制轴线符号，再单击"直线"工具 和"多行文字"工具 A 添加文字说明，如图 6-48 所示。

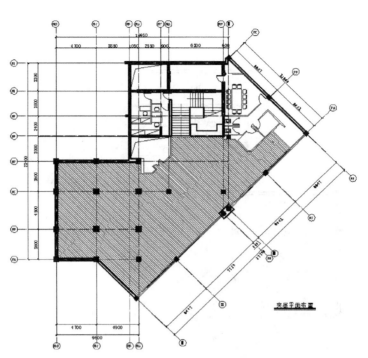

图 6-48 绘制标注符号和添加文字说明

6.2.3 绘制二层平面图

1. 设置绘图环境

（1）在命令行中输入"LIMITS"命令，设置图幅尺寸为 5000000×5000000。

（2）单击"图层"工具栏中的"图层特性管理器"按钮 ，创建"标注""轴线"等图层，如图 6-49 所示。

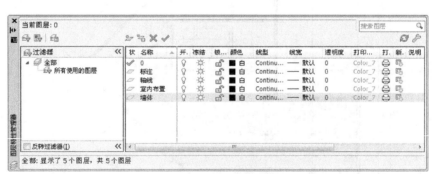

图 6-49 设置图层

2. 绘制轴线网

（1）单击"图层"工具栏中的"图层特性管理器"按钮 ，将"轴线"图层设为当前图层。

（2）单击"构造线"按钮 ，绘制一条水平构造线 X 和一条竖直构造线 1，组成"十"字构造线，如图 6-50 所示。

（3）单击"修改"工具栏中的"偏移"按钮 ，将水平构造线 X 连续向上偏移，偏移后相邻直线的距离分别为 3600、4500、3600、3000、2400、1500、1500 和

3300，得到水平方向的辅助线记为 Y、Z、W、H、L、M、N、O；将竖直构造线连续向右偏移，偏移后相邻直线间的距离分别为 3850、1050、2250、900、6300 和 600，得到竖直方向的辅助线记为 2、3、4、5、6、7，如图 6-51 所示。

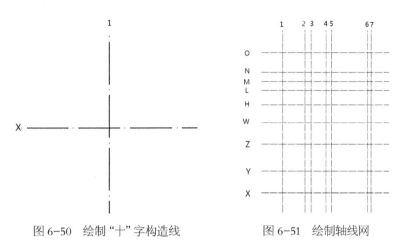

图 6-50　绘制"十"字构造线　　　　图 6-51　绘制轴线网

（4）在①号轴上绘制一条角度为 135° 的构造线 a，如图 6-52 所示。方法如下：

命令：_xline 指定点或 [水平（H）/ 垂直（V）/ 角度（A）/ 二等分（B）/ 偏移（O）]：

指定通过点：<135

指定通过点：

将这个构造线向右偏移，偏移距离分别为 6400、7725、848、6041 和 6647，记为 b、c、d、e、f，如图 6-53 所示。

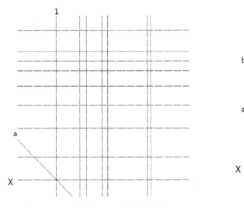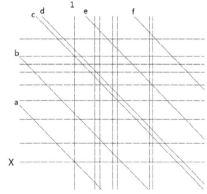

图 6-52　绘制 135° 的构造线　　　　图 6-53　绘制 135° 构造线完成

（5）在①号轴上绘制一条角度为 45° 的构造线 F1，如图 6-54 所示。将此构造线向下连续偏移 6647 和 6041，记为 F1、F2，如图 6-55 所示。

3. 绘制墙体

（1）单击"图层"工具栏中的"图层特性管理器"按钮 ，将"墙体"图层设为当前图层。

（2）选择菜单栏中的"格式"|"多线样式"命令，按 F3 开启对象捕捉可以捕捉轴线交点，沿轴线画出平面图中的墙体，如图 6-56 所示。

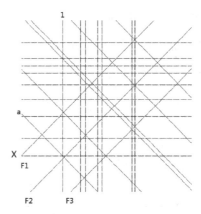

图 6-54　绘制 45° 构造线　　　　　图 6-55　绘制 45° 构造线完成

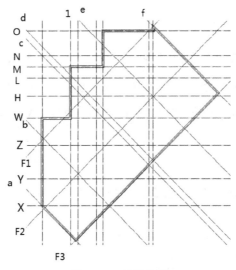

图 6-56　绘制外墙

（3）单击"多线"命令，根据构造线网格绘制内墙墙线和柱子，如图 6-57 所示。

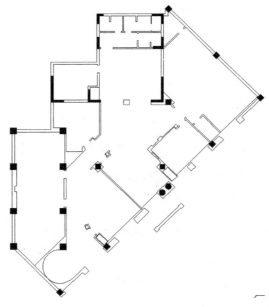

图 6-57　绘制内墙线和柱子

4. 绘制门窗

（1）现在以收银台的门为例，单击"绘图"工具栏中的"直线"按钮 ，"圆弧"
按钮 以及"修改"工具栏中的"偏移"按钮 和修剪按钮 ，绘制门 M1，如
图 6-58 所示。

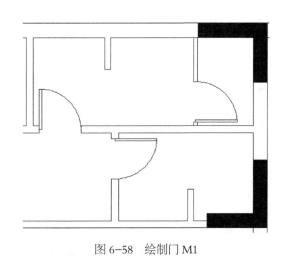

图 6-58　绘制门 M1

（2）用同样的方法，绘制其他的门，如图 6-59 所示。

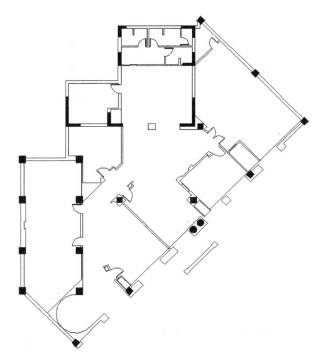

图 6-59　绘制其他的门

（3）选择"直线"工具 绘制窗户，如图 6-60 所示。

5. 绘制楼梯

（1）选择"直线"工具按钮 ，绘制楼梯踏步，踏步距离为 250，并进行修剪。

（2）选择"直线"工具，绘制箭头，如图 6-61 所示。

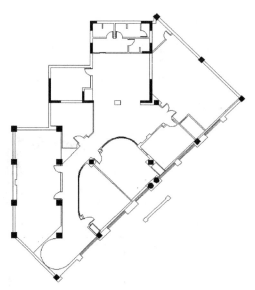

图 6-60　绘制窗户

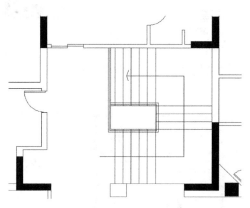

图 6-61　绘制楼梯和箭头

6. 绘制一层楼平面布置

（1）打开"图层"工具栏中的"图层特性管理器"按钮 ，将"室内布置"图层设为当前图层。

（2）单击"绘图"工具栏中的"插入块"按钮 ，弹出"插入"对话框，如图 6-62 所示。单击"浏览"按钮，打开随书光盘中的"小餐桌 01"，将小餐桌插入到合适的位置，如图 6-63 所示。

图 6-62　"插入"对话框

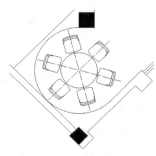

图 6-63　插入小餐桌

（3）重复"插入块"命令，将其余的布置（包括餐桌和卫生间等）插入合适的位置，如图 6-64 所示。

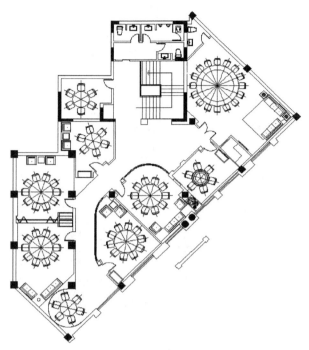

图 6-64 插入室内布置

（4）单击"标注"工具 和"连续标注"工具 （按键"C"）进行标注，如图 6-65 所示。

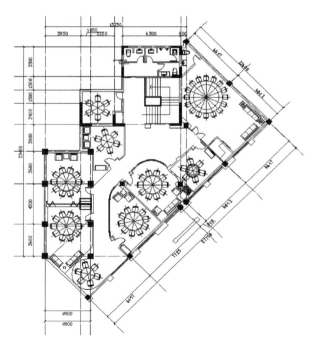

图 6-65 绘制标注

（5）单击"圆"形工具 和"多行文字"工具 A 绘制轴线符号，再单击"直线"工具 和"多行文字"工具 A 添加文字说明，如图 6-66 所示。

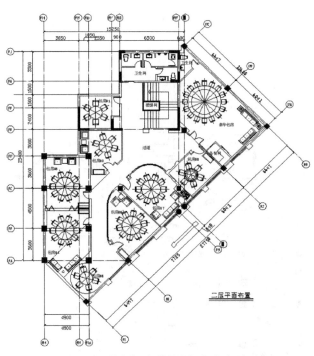

图 6-66　绘制标注符号和添加文字说明

6.3　绘制酒店立面图

6.3.1　绘制正立面图

1. 绘图前准备设置

（1）在命令行中输入"LIMITS"命令设置图层界限，设置图幅尺寸为5000000×5000000。设置较大的数值可以使图幅足够使用，方法如下：

命令：LIMITS

重新设置模型空间界限：

指定左下角点或 [开（ON）/ 关（OFF）] <0.0000,0.0000>: 0,0

指定右上角点 <420.0000,297.0000>: 5000000,5000000

（2）单击"图层"工具栏中的"图层特性管理器"按钮 🗐，弹出"图层管理器"对话框，单击新建按钮 🗐，创建"立面"图层，图层参数采用默认设置。

2. 绘制定位辅助线

（1）点击图层中"将对象的图层置为当前"按钮 🗐，选中"立面"图层，将"立面"图层设置为当前图层。

（2）单击"绘图"工具栏中"直线"按钮 🖊，在一层平面图下方绘制一条地平线，地平线上方留出足够的绘图空间。

（3）单击"绘图"工具栏中"直线"按钮 🖊，由一层平面图向下引出定位辅助线，包括墙体外轮廓、墙体转折处以及柱轮廓线等，如图 6-67 所示。

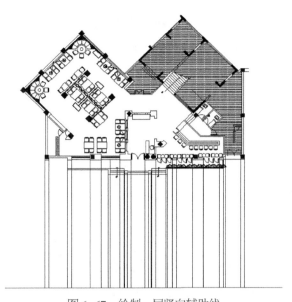

图 6-67　绘制一层竖向辅助线

（4）单击"修改"工具栏中的"偏移"按钮 ，根据酒店室内外高差、各层层高、屋面标高等来确定楼层定位辅助线，如图 6-68 所示。

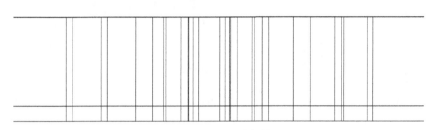

图 6-68　绘制楼层定位辅助线

（5）单击"绘图"工具栏中的"直线"按钮 ，绘制二层竖向定位辅助线，如图 6-69 所示。

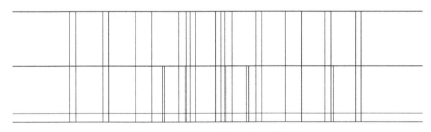

图 6-69　绘制二层竖向定位辅助线

3. 绘制一层立面图

（1）单击"绘图"工具栏中的"直线"按钮 和"修改"工具栏中的"偏移"按钮 绘制台阶，台阶的踏步高度为 150，如图 6-70 所示。

图 6-70　绘制台阶

（2）单击"修改"工具栏中的"偏移"按钮，由二层室内楼面定位线分别向下偏移，确定门框的水平定位直线，单击"绘图"工具栏中的"直线"按钮 和"修改"工具栏中的"修剪"按钮 绘制门框和门扇，如图 6-71 所示。

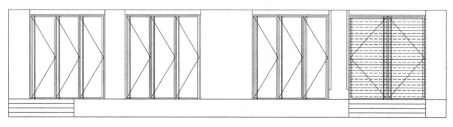

图 6-71　绘制门框和门扇

（3）单击"修改"工具栏中的"修剪"按钮 ，修剪坎墙的定位辅助线，完成坎墙的绘制；单击"修改"工具栏中的"修剪"按钮 和"偏移"按钮 ，根据砖柱的定位辅助线绘制一层砖柱，如图 6-72 所示。

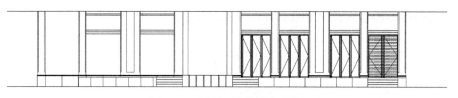

图 6-72　绘制一层坎墙和砖柱

（4）单击"绘图"工具栏中的"直线"按钮 以及"修改"工具栏中的"偏移"按钮 和"修剪"按钮 ，绘制一层窗户，如图 6-73 所示。

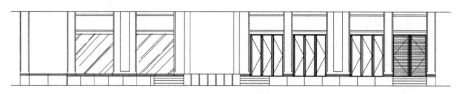

图 6-73　绘制一层窗户

（5）单击"绘图"工具栏中的"样条曲线"按钮 以及"修改"工具栏中的"镜像"按钮 和"复制"按钮 ，绘制窗花，如图 6-74 所示。

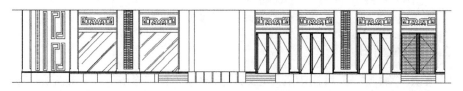

图 6-74　绘制一层窗花

（6）根据定位辅助线，单击"绘图"工具栏中的"直线"按钮 以及"修改"工具栏中的"偏移"按钮 和"修剪"按钮 ，绘制一层立面图，如图 6-75 所示。

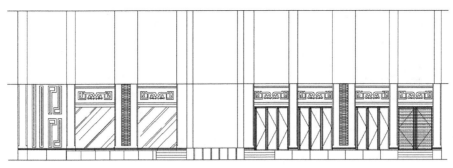

图 6-75　绘制一层立面图

4. 绘制二层立面图

（1）单击"修改"工具栏中的"修剪"按钮 ⊹ 和"偏移"按钮 ⊆ ，根据砖柱的定位辅助线绘制二层砖柱，如图 6-76 所示。

图 6-76　绘制二层砖柱

（2）单击"修改"工具栏中的"复制"按钮 ⊙ ，将一层立面图中的窗户复制到二层立面图中并加以修改，如图 6-77 所示。

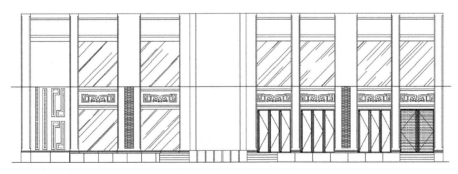

图 6-77　绘制二层立面图

（3）单击"修改"工具栏中的"复制"按钮 ⊙ ，将一层立面图中的窗户复制到二层立面图中并加以修改，如图 6-78 所示。

（4）单击"绘图"工具栏中的"直线"按钮 ／ 以及"修改"工具栏中的"偏移"按钮 ⊆ 和"修剪"按钮 ⊹ 绘制酒店二层房顶，完成二层立面图的绘制，如图 6-79 所示。

（5）单击"绘图"工具栏中的"多行文字"按钮 **A** ，完成酒店正立面图的文字绘制，如图 6-80 所示。

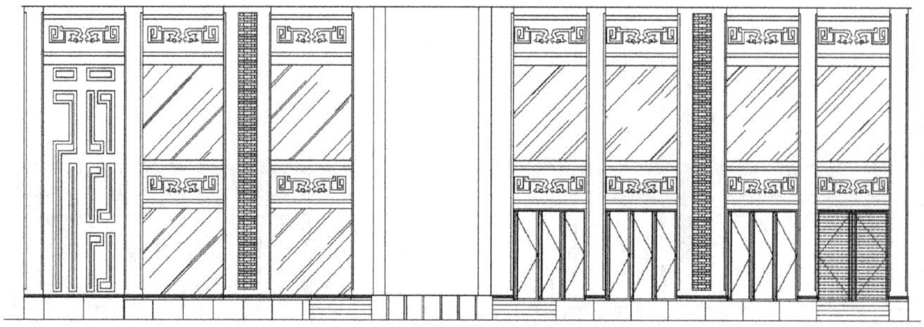

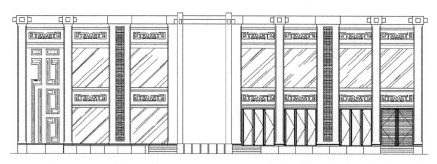

图 6-78 绘制二层窗户

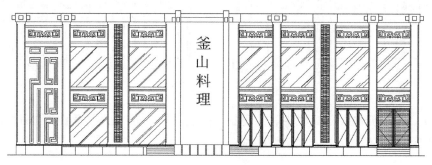

图 6-79 绘制二层房顶完成二层立面图

釜
山
料
理

图 6-80 编辑文字

5. 添加文字说明和标注

单击"绘图"工具栏中的"直线"按钮 ✏ 和"多行文字"按钮 **A**，进行标高标注并添加文字说明，完成正立面图的绘制，如图 6-81 所示。

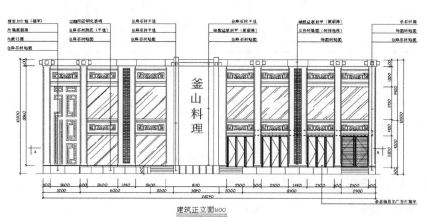

图 6-81 建筑正立面图

6.3.2　右侧立面图的绘制

1.绘制定位辅助线

（1）单击"图层"工具栏中的"图层特性管理器"按钮 ，创建"立面"图层，图层参数采用默认设置。

（2）单击"图层"工具栏中的"图层特性管理器"右侧下拉按钮 ，选中"立面图层"可将"立面图"的图层设置为当前图层。

（3）单击"修改"工具栏中的"旋转"按钮 ，将"正立面图"旋转 45°。用绘制正立面图定位辅助线的方法来绘制右侧立面图的定位辅助线，如图 6-82 所示。

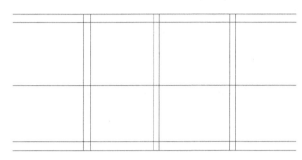

图 6-82　绘制定位辅助线

（4）单击"修改"工具栏中的"修剪"按钮 ，修剪坎墙的定位辅助线，完成坎墙的绘制。单击"修改"工具栏中的"修剪"按钮 和"偏移"按钮 ，根据砖柱的定位辅助线绘制一层砖柱，如图 6-83 所示。

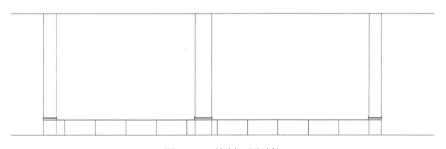

图 6-83　绘制一层砖柱

（5）单击"绘图"工具栏中的"图案填充"按钮 ，绘制一层墙面砖块，如图 6-84 所示。

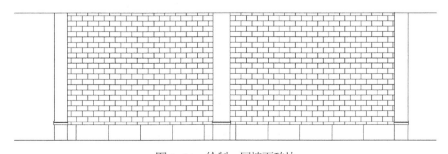

图 6-84　绘制一层墙面砖块

（6）根据定位辅助线，单击"绘图"工具栏中的"直线"按钮 以及"修改"工具栏中的"偏移"按钮 和"修剪"按钮 ，绘制一层立面图，如图 6-85 所示。

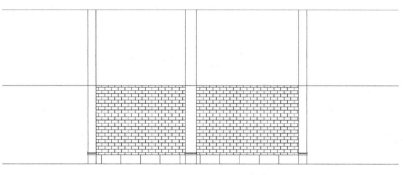

图 6-85　绘制一层立面图

2. 绘制二层立面图

（1）单击"修改"工具栏中的"修剪"按钮 和"偏移"按钮 ，根据砖柱的定位辅助线绘制二层砖柱，如图 6-86 所示。

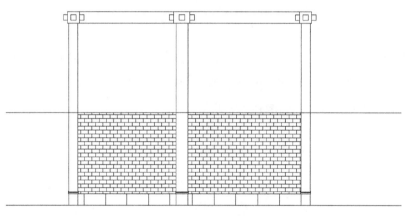

图 6-86　绘制二层砖柱

（2）单击"绘图"工具栏中的"图案填充"按钮 ，绘制二层墙面砖块，如图 6-87 所示。

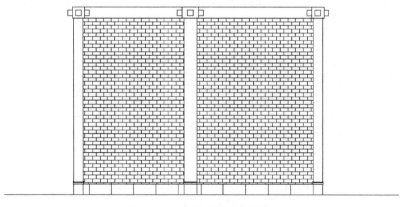

图 6-87　绘制二层墙面砖块

3. 添加文字说明和标注

单击"绘图"工具栏中的"直线"按钮 ✏ 和"多行文字"按钮 Ａ，进行标高标注并添加文字说明，完成右侧立面图的绘制，如图 6-88 所示。

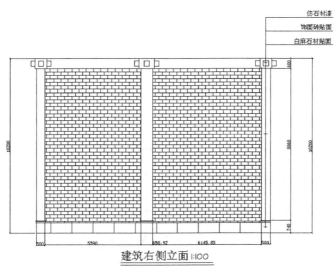

图 6-88　建筑右侧立面图

6.3.3　右侧背立面图的绘制

1. 绘制定位辅助线

（1）单击"修改"工具栏中的"旋转"按钮 ⟳，将"正立面图"旋转 135°。用绘制正立面图定位辅助线的方法来绘制右侧背立面图的定位辅助线，如图 6-89 所示。

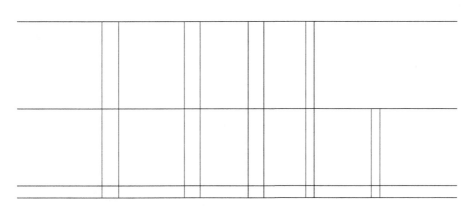

图 6-89　绘制定位辅助线

（2）单击"修改"工具栏中的"修剪"按钮 ✂，修剪坎墙的定位辅助线，完成坎墙的绘制。单击"修改"工具栏中的"修剪"按钮 ✂ 和"偏移"按钮 ⬛，根据砖柱的定位辅助线绘制一层砖柱，如图 6-90 所示。

（3）单击"绘图"工具栏中的"图案填充"按钮 ▨，绘制一层墙面砖块，如图 6-91 所示。

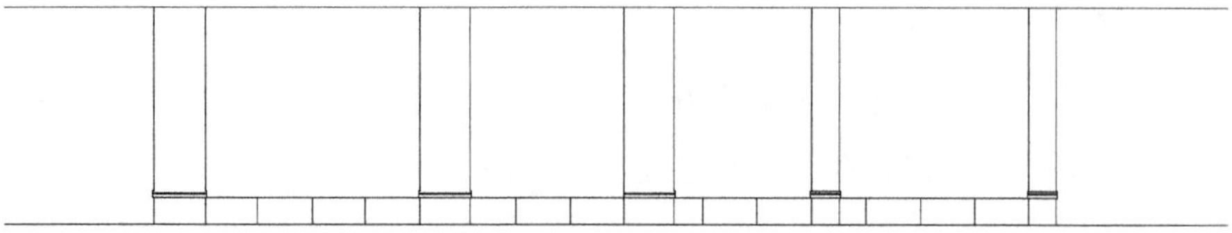

图 6-90　绘制一层坎墙和砖柱

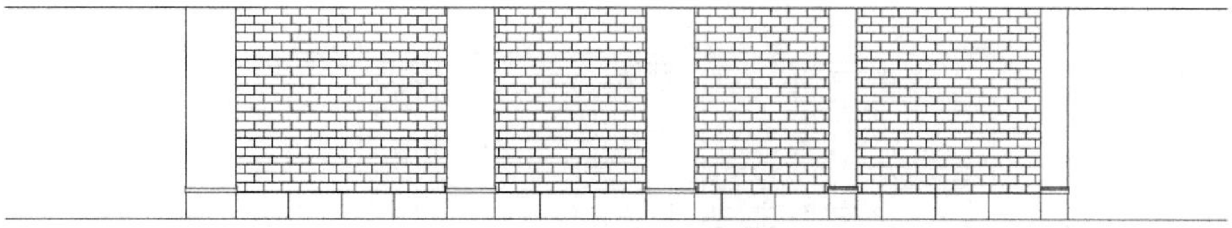

图 6-91　绘制一层墙面砖块

（4）根据定位辅助线，单击"绘图"工具栏中的"直线"按钮 ╱ 以及"修改"工具栏中的"偏移"按钮 ⬘ 和"修剪"按钮 ⊹ ，绘制一层立面图，如图 6-92 所示。

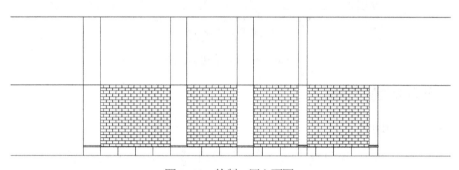

图 6-92　绘制一层立面图

2. 绘制二层立面图

（1）单击"修改"工具栏中的"修剪"按钮 ⊹ 和"偏移"按钮 ⬘ ，根据砖柱的定位辅助线绘制二层砖柱，如图 6-93 所示。

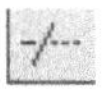

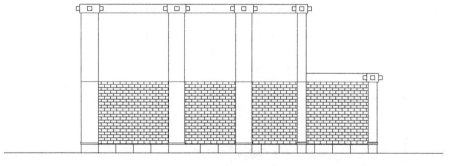

图 6-93　绘制二层砖柱

（2）单击"绘图"工具栏中的"图案填充"按钮 ▨ ，绘制二层墙面砖块，如图 6-94 所示。

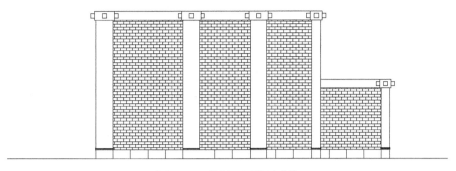

图 6-94　绘制二层墙面砖块

3. 添加文字说明和标注

单击"绘图"工具栏中的"直线"按钮 和"多行文字"按钮 ，进行标高标注并添加文字说明，完成右侧背立面图的绘制，如图 6-95 所示。

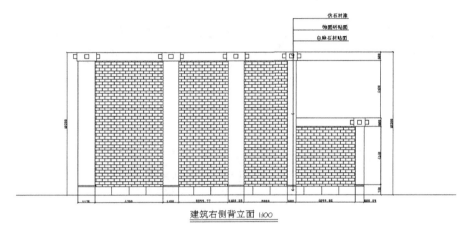

图 6-95　建筑右侧背立面图

6.3.4　左侧背立面图的绘制

1. 绘制定位辅助线

（1）单击"修改"工具栏中的"旋转"按钮 ，将"正立面图"向左旋转 135°。用绘制正立面图定位辅助线的方法来绘制左侧背立面图的定位辅助线，如图 6-96 所示。

图 6-96　绘制定位辅助线

（2）单击"修改"工具栏中的"修剪"按钮 ，修剪坎墙的定位辅助线，完成坎墙的绘制。单击"修改"工具栏中的"修剪"按钮 和"偏移"按钮 ，根据砖柱的定位辅助线绘制一层砖柱，如图 6-97 所示。

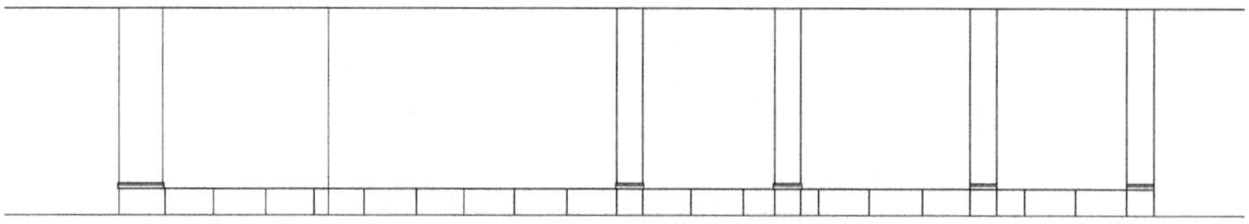

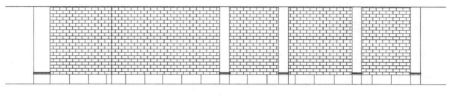

图 6-97　绘制一层坎墙和砖柱

（3）单击"绘图"工具栏中的"图案填充"按钮 ▨ ，绘制一层墙面砖块，如图 6-98 所示。

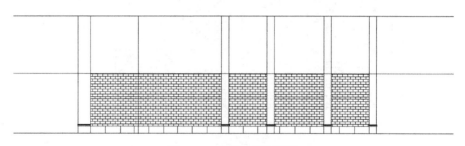

图 6-98　绘制一层墙面砖块

（4）根据定位辅助线，单击"绘图"工具栏中的"直线"按钮 ╱ 以及"修改"工具栏中的"偏移"按钮 ▣ 和"修剪"按钮 ╱ ，绘制一层立面图，如图 6-99 所示。

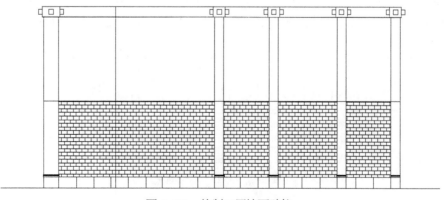

图 6-99　绘制一层立面图

2.绘制二层立面图

（1）单击"修改"工具栏中的"修剪"按钮 ╱ 和"偏移"按钮 ▣ ，根据砖柱的定位辅助线绘制二层砖柱，如图 6-100 所示。

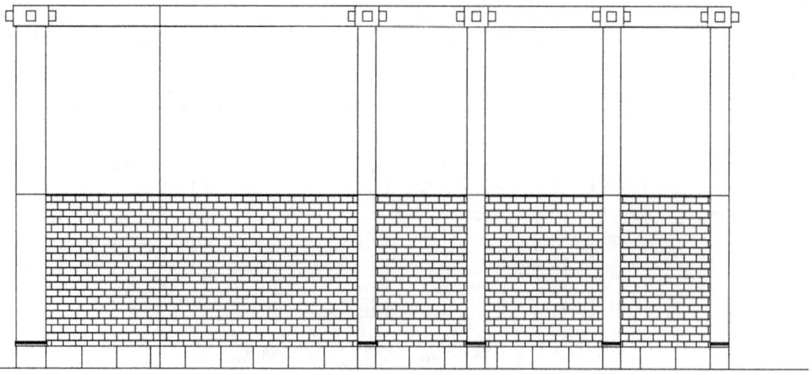

图 6-100　绘制二层墙面砖柱

（2）单击"绘图"工具栏中的"图案填充"按钮 ▨ ，绘制二层墙面砖块，如图 6-101 所示。

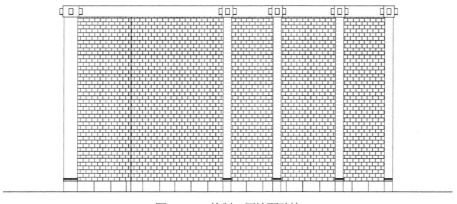

图 6-101 绘制二层墙面砖块

3. 添加文字说明和标注

单击"绘图"工具栏中的"直线"按钮 和"多行文字"按钮 ，进行标高标注并添加文字说明，完成左侧背立面图的绘制，如图 6-102 所示。

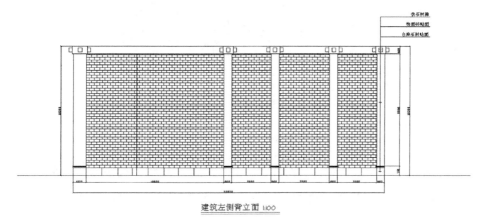

图 6-102 建筑左侧背立面图

6.3.5 左侧立面图的绘制

1. 绘制定位辅助线

（1）单击"修改"工具栏中的"旋转"按钮 ，将"正立面图"向右旋转 90°。用绘制正立面图定位辅助线的方法来绘制左侧立面图的定位辅助线，如图 6-103 所示。

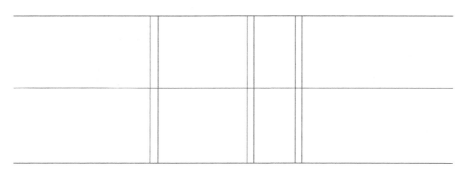

图 6-103 绘制定位辅助线

（2）单击"修改"工具栏中的"修剪"按钮 ，修剪坎墙的定位辅助线，完成坎墙的绘制。单击"修改"工具栏中的"修剪"按钮 和"偏移"按钮 ，根据砖柱的定位辅助线绘制一层砖柱，如图 6-104 所示。

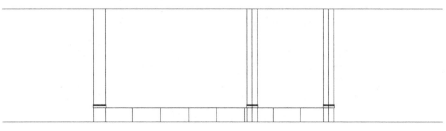

图 6-104　绘制一层坎墙和砖柱

（3）单击"绘图"工具栏中的"图案填充"按钮 ，绘制一层墙面砖块，如图 6-105 所示。

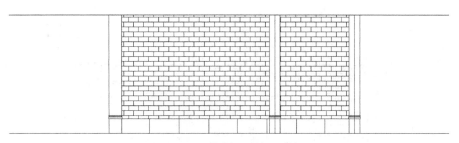

图 6-105　绘制一层墙面砖块

（4）根据定位辅助线，单击"绘图"工具栏中的"直线"按钮 以及"修改"工具栏中的"偏移"按钮 和"修剪"按钮 ，绘制一层立面图，如图 6-106 所示。

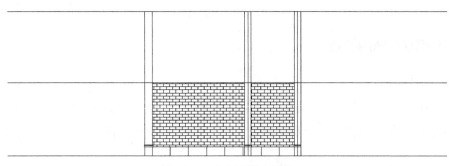

图 6-106　绘制一层立面图

2. 绘制二层立面图

（1）单击"修改"工具栏中的"修剪"按钮 和"偏移"按钮 ，根据砖柱的定位辅助线绘制二层砖柱，如图 6-107 所示。

（2）单击"绘图"工具栏中的"图案填充"按钮 ，绘制二层墙面砖块，如图 6-108 所示。

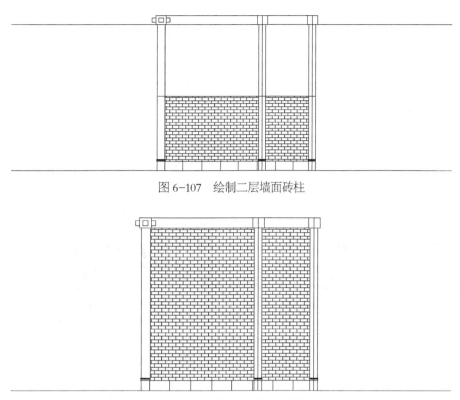

图 6-107　绘制二层墙面砖柱

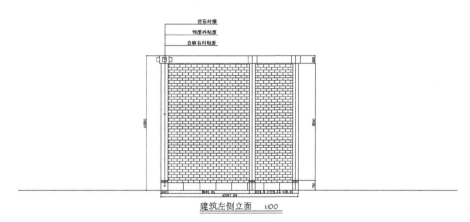

图 6-108　绘制二层墙面砖块

3. 添加文字说明和标注

单击"绘图"工具栏中的"直线"按钮 和"多行文字"按钮 ，进行标高标注并添加文字说明，完成左侧立面图的绘制，如图 6-109 所示。

图 6-109　建筑左侧立面图

6.4　绘制酒店剖面图

6.4.1　绘制外墙剖面图

1. 设置绘图环境

（1）在命令行中输入"LIMITS"命令，设置图幅尺寸为 5000000×5000000。

（2）单击"图层"工具栏中的"图层特性管理器"按钮 ，创建"剖面"图层，参数采用默认设置。建筑正立面如图 6-110 所示。

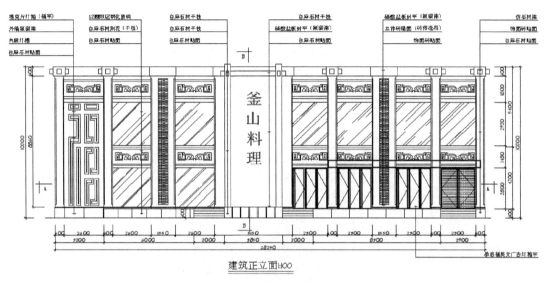

图 6-110　建筑正立面

2. 绘制剖面 A–A

（1）单击"绘图"工具栏中的"直线"按钮 和"修改"工具栏中的"偏移"按钮 ，根据平面图中的室内外墙体的厚度来确定辅助线，然后单击"修剪"命令按钮 ，将多余的线段进行修剪。

（2）单击"绘图"工具栏中的"直线"按钮 ，绘制墙体内部结构、墙柱、门窗和台阶，如图 6-111 所示。

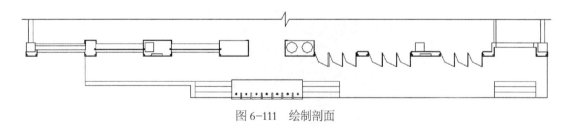

图 6-111　绘制剖面

（3）单击"绘图"工具栏中的"图案填充"按钮 ，将墙柱层填充为"SOLID"图案，将墙体填充为"AR–HBONE"，如图 6-112 所示。

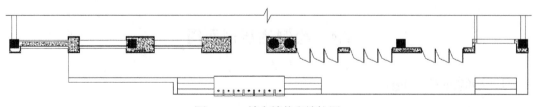

图 6-112　填充墙体和墙柱层

（4）单击"绘图"工具栏中的"直线"按钮 和"多行文字"按钮 ，进行标高标注并添加文字说明，完成剖面图的绘制，如图 6-113 所示。

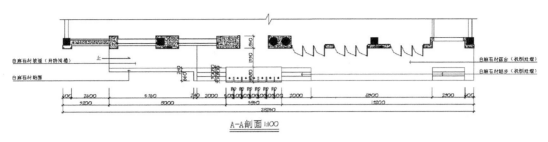

图 6-113　绘制剖面图 A-A

3. 绘制剖面 B-B

（1）单击"绘图"工具栏中的"直线"按钮 和"修改"工具栏中的"偏移"按钮 ，根据平面图中的室内外标高确定楼板层和地平线的位置，然后单击"修剪"命令按钮 ，将多余的线段进行修剪。

（2）单击"绘图"工具栏中的"直线"按钮 ，绘制墙体内部结构、墙柱、门窗和台阶，如图 6-114 所示。

（3）单击"绘图"工具栏中的"图案填充"按钮 ，将墙体和墙柱填充为"SOLID"图案，如图 6-115 所示。

（4）单击"绘图"工具栏中的"直线"按钮 和"多行文字"按钮 ，进行标高标注并添加文字说明，完成剖面图的绘制，如图 6-116 所示。

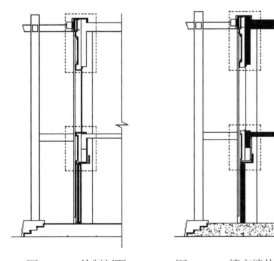

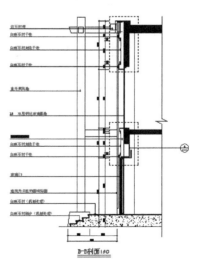

图 6-114　绘制剖面　　　　图 6-115　填充墙体和墙柱　　　　图 6-116　绘制剖面图 B-B

6.4.2　绘制外墙详图

绘制标准层外墙墙身，详细步骤如下。

（1）绘制外墙和窗。

（2）插入窗框、窗台等，如图 6-117 所示。

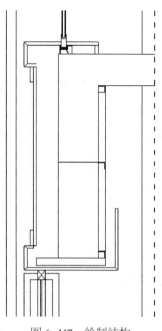

图 6-117　绘制结构

（3）绘制标准层楼面详图，添加折断符号。单击"绘图"工具栏中的"直线"按钮 ╱ 和"多行文字"按钮 **A**，进行标高标注并添加文字说明，完成外墙详图的绘制，如图 6-118 所示。

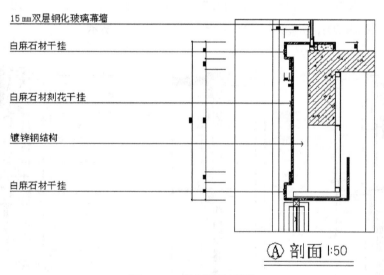

图 6-118　绘制外墙详图